智能简史

无尽的前沿

[加] 于非（Yu Fei）—— 著

清华大学出版社

北京

内容简介

　　本书系统地讲述了智能现象的发展历史。全书共分为9章。第1章介绍本书的写作背景、智能的不同定义、智能现象问题、智能现象新的假说；第2章介绍宇宙从无到有（物质、能量和空间）、不安分的宇宙、改变以稳定宇宙等内容；第3章介绍物理学中的智能，包括美丽的物理世界、引力智能、引力和暗能量、熵引力、最小作用量原理、量子隐形传态等内容；第4章介绍化学中的智能，包括化学发展的简要历程、耗散结构、熵增、最大熵产生；第5章介绍生物学中的智能，包括生命的定义、生命为什么存在、微生物的智能、植物的智能、动物的智能；第6章介绍人类的智能，包括大脑中的新皮质、人类特殊的思维方式、关于大脑的理论（贝叶斯大脑假说、高效编码原理、神经达尔文主义、自由能最小原理），以及信息过载与信息茧房；第7章介绍机器的智能，包括1950年之前的智能机器、AI的诞生、符号主义、联结主义（感知机、机器学习、梯度下降算法、反向传播算法、监督学习、无监督学习、自监督学习、神经网络架构）、行为主义（行为智能、强化学习），以及学派之争与统一；第8章介绍通用人工智能的最新进展、智能的本质和智能科学；第9章回顾人类科技历史中涉及的几个要素，介绍促进宇宙稳定的技术发明、物质网联、能源网联、信息网联、智能网联、如何量化智能、智能网联面临的挑战、智能网联的应用、元宇宙。本书后记给出了本书的总结与未来展望。

　　本书是科普读物，也可以作为人工智能学习、研究、开发的参考书。

北京市版权局著作权合同登记号　图字：01-2024-1603

图书在版编目（CIP）数据

　智能简史：无尽的前沿 /（加）于非著. —北京：清华大学出版社，2024.1
　ISBN 978-7-302-65357-8

　Ⅰ.①智⋯　Ⅱ.①于⋯　Ⅲ.①人工智能－普及读物　Ⅳ.① TP18-49

　中国国家版本馆 CIP 数据核字（2024）第 039278 号

策划编辑：盛东亮
责任编辑：钟志芳
封面设计：李召霞
责任校对：刘惠林
责任印制：杨　艳

出版发行：清华大学出版社
　　　网　　　址：https://www.tup.com.cn，https://www.wqxuetang.com
　　　地　　　址：北京清华大学学研大厦 A 座　　　邮　编：100084
　　　社 总 机：010-83470000　　　　　　　　邮　购：010-62786544
　　　投稿与读者服务：010-62776969，c-service@tup.tsinghua.edu.cn
　　　质量反馈：010-62772015，zhiliang@tup.tsinghua.edu.cn
　　　课件下载：https://www.tup.com.cn，010-83470236
印 装 者：三河市龙大印装有限公司
经　　销：全国新华书店
开　　本：170mm×230mm　　印　张：16.25　　字　数：235 千字
版　　次：2024 年 3 月第 1 版　　印　次：2024 年 3 月第 1 次印刷
印　　数：1 ～ 2000
定　　价：79.00 元

产品编号：104222-01

PREFACE
前言

智能是怎样产生的?

为什么智能一直在进化,从非生物、植物、非人类动物到人类?

碳基生命是不是智能进化过程中的一个暂时形态?

能制造出比人类更加智能的机器吗?

智能的机器是否有可能取代人类呢?

人们对上述问题的探索由来已久,然而至今,仍然没有令人满意的答案。近年来,人工智能(Artificial Intelligence,AI)的飞速发展,特别是像 ChatGPT 这样的大型语言模型的广泛应用和普及,再度引发了人们对智能现象和智能本质的深入思考和关注。

荷兰哲学家巴鲁赫·德·斯宾诺莎(Baruch de Spinoza)曾说过:"人类所能企及的最高活动就是为明白而学习,因为明白了就获得了自由。"本书即是源于笔者为了明白智能现象和智能本质而做的研究和探索。

尽管近年来人工智能在多个领域取得了一些令人瞩目的进展,但当前的研究与开发主要侧重于工程技术的应用。对于智能本质理解的不足在一定程度上制约了人工智能的深度发展,并引发了人们对其未来走向的担忧。

"你无法在造成问题的同一思维层次上解决这个问题",爱因斯坦说,"你必须超越它并达到一个新的层次才能解决这个问题"。

在探寻智能现象和智能本质的过程中,我们的视角不能仅局限于人类的智能,而应该超越人类的智能,研究宇宙中各种不同的事物,达到更高的认知层次。在这个高的层次上,可以更深入地研究和探索智能现象和智能本质。

本书详细地探讨了宇宙自诞生以来出现的各种各样的智能现象,涵盖了物理学中的智能、化学中的智能、生物学中的智能、人类的智能和机器的智能。本书旨在揭开智能的神秘面纱,深入探索这种自然现象。如果将理解智能的过程比作千里之行,那么本书便是尝试迈出的第一步。

深入探究宇宙自诞生以来的各种智能现象,我们会发现:智能并不是人类所独有的,而是一种存在于宇宙中的自然现象,即智能是遍布宇宙的自然现象,就像岩石在重力的作用下向下滚动,冰雪在阳光的照耀下融化,智能也是一种自然的反应和过程。无论是微观的粒子运动,还是宏观的星体演变,都是为了促进宇宙的稳定。同样,智能的出现和发展,无论是在人类和动物中,还是人们正在探索的机器中,也是为了达到一种平衡和稳定。智能帮助人们理解和适应环境,解决问题,创造和传播知识,促进社会和文化的进步,是宇宙稳定的推动力量。

这个假说可以帮助我们理解智能的本质,并解读宇宙中所有的生命和物质。无论是植物、动物、人类,还是机器,它们都有一个共同的特性:在宇宙追求稳定的过程中,它们都起到了推动的作用。在这个过程中,智能现象就像一个自然法则自然而然地出现。各种智能现象的差异,仅在于它们对宇宙稳定性贡献的维度和效率的不同。

本书的观点可能会冲击到人类集体的"自尊",甚至会撼动人类在宇宙中的核心地位。然而,这样的颠覆性改变在人类历史上曾不止一次地发生。回顾过往,哥白尼颠覆了地球是宇宙中心的观念,而达尔文则挑战了人类在生物世界的领导地位。因此,当我们逐渐认识到,我们引以为豪的人类智能在本质上与岩石并无二致时，无须感到震惊。

本书共分 9 章，内容包括使宇宙更加稳定，物理学中的智能，化学中的智能，生物学中的智能，人类的智能，机器的智能，通用人工智能，物质、能量、信息和智能等。

愿与诸位读者共勉。

感谢胡绍鸣，他将最小作用量原理和化学中的耗散结构的知识介绍给我。同时，感谢我的学生以及同事对书中的插图和文字进行了细致的编辑和修改，使本书的内容更加生动清晰，概念的解释更加具体明确。感谢清华大学出版社盛东亮等编辑的鼎力支持，他们的敬业和细心保证了本书的品质。

由于笔者水平有限，书中难免存在不足之处，恳请读者批评指正！

于非

2024 年 1 月

CONTENTS

目录

引言

人类所能企及的最高级的活动就是为明白而学习，因为明白了就获得了自由。

——斯宾诺莎

你无法在造成问题的同一思维层次上解决这个问题，必须超越它并达到一个新的层次，才能解决这个问题。

——爱因斯坦

近来，以 ChatGPT 为代表的人工智能技术浪潮席卷全球。ChatGPT 发布仅两个月就有一亿用户参与，成为有史以来用户增长最快的产品。作为由 OpenAI 训练的对话式大规模语言模型，ChatGPT 能以对话的方式与人进行交互，回答问题流畅，令人惊叹。除此之外，ChatGPT 还通过了美国部分高校的法律、医学考试，以及谷歌 18 万美元年薪的软件工程师的入职测试。ChatGPT 是否"过于"智能了？照此发展下去，人们会逐渐实现通用人工智能（Artificial General Intelligence，AGI）吗？碳基生命是不是智能进化过程中的一个暂时形态？人类会不会被智能机器代替？

人们一直深信，人类是地球上最具智能的存在。的确，在短暂的历史中，人类已经完成了无数令人惊叹的壮举：在月球上留下脚印，掌握飞行的奥秘，创造拥有智能的机器，等等。在不到七万年的时间里，人类已经从一种次要的生物进化成一种高级的物种，拥有了近乎神奇的创造力。对于人类为何成为地球上最具智能的物种，许多人尝试用各种理论和假设，例如人类拥有高度复杂的大脑、精密的神经系统、出色的社交技巧，以及丰富的语言能力等进行解释。

但是，真实的世界是这样的吗？回顾2019年导致疫情暴发的新型冠状病毒，这种被人们认为并不"智能"的病毒在短短数月内便席卷全球，夺走了几百万"智能人类"的生命。而病毒的构造极其简单，仅由核酸（DNA或RNA）及外层的蛋白质（"衣壳"）构成。它们没有大脑，没有神经系统，没有血液循环，也没有完整的细胞结构。人类虽然能够研制出有效的疫苗和药物对抗病毒，但在初次与病毒的斗争中却付出了巨大的代价，且仍面临着病毒可能再次卷土重来并产生变异的威胁。那么，在这场斗争中，新型冠状病毒与人类相比，究竟谁更智能呢？这的确是一个值得深思的问题。病毒这种"最低级"的生命体，在地球上已经存在40多亿年。相比之下，人类约7万年的历史不过是沧海一粟。

有些人可能会质疑，认为病毒的行为不应被视为智能。的确，在大多数人的观念中，智能研究的主要对象一直是人类，如人类的认知科学和生理学。然而，近期的研究却揭示出一种新的现象，即非人类的动植物，甚至非生物实体，也能表现出某种形式的智能行为。

早在人类出现之时，对智能现象和智能本质的追求就已经存在。"智能"是什么？在日常生活中，这个词似乎有着明确的含义，但事实上，一个抽象的、可度量的智能概念却难以精确被定义。"智能"一词源于拉丁语的intelligeria或intellēctus，这两个词又都源自动词intelligere，意味着"理解"或"感知"。然而，大量的关于智能的研究文献对于智能的定义各有不同，因此这一主题也一直备受争议。至于"什么是智能"及"智能是否可以度量"，至今仍无公认的答案。

2023 年 3 月，著名外交家、美国前国务卿亨利·基辛格（Henry Kissinger）、谷歌前首席执行官埃里克·施密特（Eric Schmidt）和麻省理工学院苏世民学院院长丹尼尔·胡腾洛赫尔（Daniel Huttenlocher）联名在华尔街日报发表文章《ChatGPT 预示着一场智能革命》[1]。文章中提出："一项新技术正试图改变人类的认知过程，这是自印刷术发明以来人类从未经历过的。这项新技术被称为生成人工智能。OpenAI 研究实验室开发的 ChatGPT 现在能够与人类交流。随着生成人工智能的能力变得更强大，它将重新定义人类知识，加速我们现实社会的变化，并重组社会。"

一方面，有些人很高兴看到可以创造出具有人类智能的机器，帮助解决诸如自动驾驶、气候变化等问题。任职于谷歌公司的瑞·科泽维尔（Ray Kurtzweil）在 2005 年对未来做了一个展望，提出了"奇点"（the Singularity）一词。在奇点中，人工智能通过自我改进和自主学习的能力，将在 2040 年达到甚至超过人类智能水平[2]。最近人工智能惊人的发展速度已经远超出科泽维尔的预期，奇点仿佛提前到来了。ChatGPT 和 OpenAI 的最新模型——GPT-4，已经展现出了一些通用人工智能的迹象。比如，微软的机器学习研究员塞巴斯蒂安·布贝克（Sébastien Bubeck）和他的团队在使用 GPT-4 时，发现它的输出似乎不仅仅是做出统计上可能的猜测。他们认为这可能是他们第一次看到了可以称为智能的东西。此外，他们还发表了一篇论文，声称在初步实验中，GPT-4 展示出了"通用人工智能的火花"，并认为 GPT-4 的能力之广和之深，使其可以被合理地视为一个早期（尽管仍然不完全）的通用人工智能系统[3]。

另一方面，有些人对人工智能的发展感到恐惧。例如，2023 年 5 月，"人工智能教父"杰弗里·辛顿（Geoffrey Hinton）宣布离开他工作了十年的谷歌公司，原因是他对人工智能技术的发展越来越担忧，并认为人工智能可能对人类构成威胁。他认为，人工智能正在变得比人类更聪明，他想要提醒人们应该认真考虑如何防止人工智能控制人类。他还指出，人工智能技术的进步速度远远超出了他和其他人的预期："如果它变得比我们聪明得多，它就会非常擅长操纵，因为这是它从我们身上学到的，而且很少有例子证明一个更聪明的东西会被一个更笨的东西控制……它知道如何编程，所以它会想出办法绕过我们对它的限制。它会想出办法操纵人们做它想要的事情。"也许碳基生命真的是智能进化过程中的一个暂时形态。

辛顿并不是唯一对人工智能表示担忧的技术领袖。2023年3月，特斯拉和SpaceX公司的创始人埃隆·马斯克（Elon Musk）等上千名科技人士发表公开信，呼吁暂停训练比GPT-4更强大的人工智能系统。公开信中写道："广泛的研究表明，具有可与人类竞争的智能的人工智能系统可能对社会和人类构成深远的风险，这一观点得到了顶级人工智能实验室的承认。"高级人工智能可能代表地球生命史上的深刻变化。心理学家和人工智能研究员加里·马库斯（Gary Marcus）则表示，人工智能工具已经引起了犯罪分子的兴趣，再加上社会上对人工智能的大规模宣传，被大型语言模型增强的恐怖主义可能导致核战争，或者导致比新冠病毒更糟糕的病原体被故意传播等。许多人可能会死亡，文明可能会被彻底破坏。也许人类不会真的"从地球上消失"，但事情确实会变得非常糟糕。

在对人类智能的研究中，"智能"通常与理解、学习、推理、计划、创造、批判性思维和解决问题的能力有关。动物智能也经常被作为智能的研究对象，如动物在解决问题及在数字和语言推理能力等方面展现智能。动物智能常被误认为是动物的本能，或者完全由遗传因素决定。研究人员为了研究动物智能也做了大量的观察和实验，比如，把一根香蕉挂在关黑猩猩的笼子顶部，并在笼子里放一个木箱进行观察。在黑猩猩奋力跳跃抓香蕉无果后，它发现了木箱，观察后选择把木箱放到香蕉下方，爬上箱子，从箱子上面用力跳跃，最终拿到了香蕉。植物也很聪明。人们通常会把植物看作被动存在的物种，但研究人员发现，植物不仅能够从过去的经历中学习经验和教训，还能够交流，准确计算，进行复杂的成本效益分析，并采取严格控制的行动。比如，科学家曾经对菟丝子这种不进行光合作用的寄生植物做过研究。科学家把一些单独的菟丝子移植到营养状况不同的山楂树上，发现菟丝子会选择缠绕在营养状况更好的山楂树上。

关于智能，心理学、哲学和人工智能方面的研究人员对其有数百种不同的定义。正如美国心理学家罗伯特·斯滕伯格（Robert J. Sternberg）所说："智能的定义跟试图去定义它的专家一样多。"通常情况下，智能可以被定义为"一个个体在广泛的环境中实现目标的能力"或"一个个体为了生存而积极重塑自身存在的能力[4]"。

从这个意义上说，智能不仅存在于生物中，如病毒，也存在于非生物中，如机器和量子粒子。尽管如此，似乎在人们的认知里，人类总是比非人类生物和非生物更加智能。

如果相信达尔文的进化论，你可能很自然地认为，智能是通过自然选择产生和发展的。然而，自然选择只解释了生物系统的出现，却很难解释它们必须具有哪些特征，例如，生物的积极性、目的性、奋斗性（繁殖力原则），以及在没有自然选择的情况下复杂程度的增加。不仅如此，它还不能解决行星发展的问题，因此，仅用简单的进化理论解释智能是一件困难的事情。

笔者相信智能是一种自然现象，智能可以像许多其他现象一样，通过建立简化模型进行研究。如果智能是一种自然现象，我们是否能回答以下问题？

（1）智能是怎样产生的？

（2）从非生物、植物、非人类动物到人类，为什么智能一直在进化？

（3）碳基生命是不是智能进化过程中的一个暂时形态？

（4）能制造出比人类更智能的机器吗？

（5）智能的机器是否有可能取代人类？

（6）如何衡量智能？

（7）能否尽可能完整、严格和简单地理解不同形式的智能？

在研究智能的过程中，研究的对象不能局限于人类，而是应该超越人类的层次，考虑宇宙中不同的事物，在更高的层次上进行研究。

当在更高的层次探讨智能的本质，尤其在考虑到宇宙中各种存在的背景下，人们会发现，智能不仅是一种独特的性质或能力，更像是一种自然现象。这一现象与其他自然现象——如岩石沿着斜坡滚动，冰雪在温暖的阳光下融化——在本质上有着类似之处。所有这些现象，都是自然界为了维持其内在的平衡和稳定性而自发产生的。在这个意义上，智能可被视为宇宙秩序的一种必然产物，一种自然世界为了促进稳定而演化出来的现象。

人类总是觉得自己处于食物链的顶层，认为自己的智能是其他动物望尘莫及的。然而，在历史上，人类曾经认为自己居住的地球是宇宙的中心，这个想法被哥白尼无情推翻；人类曾经认为自己是造物主唯一的恩宠，这个想法也被达尔文无情颠覆。因此，当人类认识到自己引以为豪的智能，可能在某种程度上与某些自然现象并无本质区别时，并不应该感到惊讶或不安。这只是人类再次在科学的洗礼中逐渐接近真理，理解自身在宇宙中的真实地位和角色的时候。

这里简要解释一下这个观点。宇宙起源于大爆炸，从一开始，宇宙中的成分就分布不均，造成在一定距离上总是存在各种各样的差异（如能量、物质、温度、信息等差异），这种差异称为梯度。由于梯度的存在，宇宙是不稳定的，宇宙中的一切都从未静止过。正如生态学家埃里克·施奈德（Eric Schneider）所说，"自然界厌恶梯度"，因此，宇宙中的每个组成部分都在各司其职地改变不平衡的现象，使宇宙更加稳定。此外，每个组成部分的稳定过程都会以分布的方式发生，不会以集中的方式发生。简单的例子有从山上滚下的岩石和融化的冰雪，复杂的例子有生物进化、集体智能、社交网络、元宇宙、机器智能等。

这个假说可以解释宇宙中的所有存在，包括粒子、岩石、病毒、植物、人类、元宇宙和机器，都有一个共同点：在宇宙趋向稳定的过程中起推动作用，而智能就在这个促进宇宙稳定的过程中应运而生。那么，为什么宇宙中有各种各样的存在呢？在不同的环境中，不同的约束条件限制了稳定宇宙的能力，每个存在（如粒子、岩石、人、公司、社会、元宇宙、智能的机器）在这些约束条件的限制下以最有效的方式缓解不平衡这个"症状"，从而稳定宇宙。从这方面分析，宇宙中不同的存在之间的主要区别有以下几点。

（1）物质：缓解能量不平衡，使宇宙更稳定。

（2）非人类生物：缓解能量、物质和少量信息的不平衡，使宇宙更加稳定。

（3）人类：缓解能量、物质和大量信息的不平衡，使宇宙更加稳定。

（4）智能的机器：缓解能量、物质和海量信息的不平衡，使宇宙更加稳定。

一个稳定的过程会涉及一系列"状态转换"，而不仅是依靠一个简单的步骤就可以实现。一个"状态转换"的过程是在同一框架下整体统筹和安排而形成的整体变化，相应地形成与之匹配的功能。从不同事物出现的时间线能够观察到，与宇宙中旧事物相比，新事物具有更复杂的结构，且可以在更多维度上以更高的效率为宇宙的稳定性做出贡献。本书的后续章节将解释这些观点。

参考文献

[1] KISSINGER H, SCHMIDT E, HUTTENLOCHER D. ChatGPT heralds an intellectual revolution [EB/OL]. (2023-02-24) [2023-06-25]. https://www.henryakissinger.com/articles/chatgpt-heralds-an-intellectual-revolution.

[2] KURZWEIL R. The singularity is near [M]. New York: Viking, 2005.

[3] BUBECKAR S et al. Sparks of artificial general intelligence: Early experiments with GPT-4 [EB/OL]. (2023-04-13) [2023-06-25]. https://arxiv.org/abs/2303.12712.

[4] LEGG S, HUTTER M. A collection of definitions of intelligence [J]. Advances in Artificial General Intelligence: Concepts, Architectures and Algorithms, 2007, 157(1): 17-24.

第 2 章

CHAPTER 2

使宇宙更加稳定

宇宙生来就是躁动不安的，诞生以后就再也没有静止过。

——亨利·卢梭（Henri Rousseau）

智能是适应变化的能力。

——斯蒂芬·霍金（Stephen Hawking）

2.1 宇宙从无到有：物质、能量和空间

宇宙是广袤空间和其中存在的各种天体及弥漫物质的总称。人们一直在探寻宇宙是什么时候、如何形成的。宇宙起源是一个极其复杂的问题。直到 20 世纪，出现了两种比较有影响力的关于宇宙起源的模型：一是宇宙恒稳态理论，二是宇宙大爆炸理论（The Big Bang Theory）。宇宙恒稳态理论认为：宇宙的过去、现在和将来基本上处于同一种状

态，从结构上说是恒定的，从时间上说是无始无终的。而宇宙大爆炸理论则认为宇宙和时间的开始都源起于宇宙中一次巨大的爆炸，这一爆炸造成了各大星系的产生，而各大星系及整个宇宙总是处于不断变化、发展的过程中。1927 年，比利时宇宙学家和天文学家乔治·勒梅特（Georges Lemaître）首次提出了宇宙大爆炸假说[1]。

20 世纪 20 年代后期，埃德明·哈勃（Edmin Hubble）发现了红移现象，证明宇宙正在膨胀。20 世纪 60 年代中期，阿尔诺·彭齐亚斯（Arno Penzias）和罗伯特·威尔逊（Robert Wilson）发现了宇宙微波背景辐射。这两个发现给大爆炸理论有力的支持[2]。

在大爆炸理论中，大约 138 亿年前，整个宇宙以令人难以置信的浩瀚和复杂，从之前的虚无中膨胀而出。大爆炸开始时，宇宙是一个体积无限小、密度无限大、温度无限高、时空曲率无限大的点，称为奇点。大爆炸之初，物质只能以电子、光子和中微子等基本粒子形态存在。大爆炸之后宇宙不断膨胀，导致其温度和密度很快下降。随着温度降低，物质逐步冷却，形成原子、原子核和分子，并复合成为气体。气体逐渐凝聚成星云，星云进一步形成各种各样的恒星和星系，最终形成如今人们所看到的宇宙。

尽管宇宙浩瀚而复杂，但事实证明，要建造一个宇宙，只需要三种要素：物质、能量和空间[3]。

建造宇宙所需的第一种要素是物质。物质是有质量的东西。物质无处不在，在房间里，在人们脚下，在太空中。从地球上的水、岩石、食物和空气，到巨大的恒星，都是物质。

建造宇宙所需的第二种要素是能量。人们每天都离不开能量，做饭、给手机充电和开车都是在使用能量。在阳光明媚的日子里，人们可以感受到约一亿五千万千米外的太阳所产生的能量。能量渗透到宇宙中，推动着宇宙不断变化。

建造宇宙所需的第三种要素是空间。无论从哪里观察宇宙，都会看到向各个方向伸展的空间。

根据爱因斯坦的相对论，质量和能量是同一个物理实体，可以在他的著名方程 $E=mc^2$ 中相互转化，其中 E 是能量，m 是质量，c 是光速。这个公式将宇宙要素的数量从三个减少到两个。

　　尽管建造宇宙只需要能量和空间这两种要素，但最大的问题是这两种要素从何而来。大爆炸理论解释了能量和空间分别是正的和负的，这样，正负加起来为零，这意味着能量和空间可以从无到有[3]。

　　可以用一个简单的类比解释这个关键概念。想象一下，要在平坦的土地上建造一座小山，但我们不想从其他地方携带土壤或岩石。可以在这片土地上挖一个洞，用洞里的泥土建造小山。在这个例子中，我们不仅建造了小山，还建造了洞，洞是小山的对立面。小山曾经在洞里面，在建造过程中小山和洞完美地平衡了。换句话说，小山和洞可以在平坦的土地上出现。

　　这就是宇宙开始时能量和空间发生的事情背后的原理。当大爆炸产生大量能量时，它同时产生了相同数量的负能量，这就是空间。正能量和负能量相加为零。

2.2　不安分的宇宙

　　宇宙诞生之后，并不像看上去那么平静，处于静止状态。宇宙中的一切都在不断变化，以使宇宙更加稳定。图 2-1 显示了大爆炸后宇宙的演化。

　　科学家普遍认为，在大爆炸发生的一刹那，宇宙的温度和密度都极其高，能量之大无以言表。作为构成物质的基础组成单位，夸克和电子在这股强大的能量中自由穿行。然而，作为等离子体存在的夸克和电子的状态并未持续太久，因为它们在被创造出来的同时，也快速地被湮灭。

　　随着宇宙逐渐冷却下来，在大爆炸之后大约一万分之一秒的时间里，夸克开始集结，形成了质子和中子。几分钟内，这些粒子黏合在一起，形成了原子核，电子附着在原子核上，从而创造出最早的原子，主要是氢和氦。如今，人们所观测到的宇宙中，大约 73% 的氢和

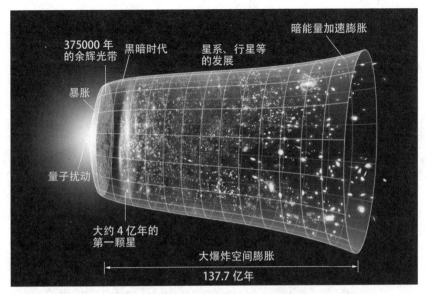

图 2-1　大爆炸后宇宙的演化（维基百科提供）

25% 的氦的丰度，都可以追溯到大爆炸之后的那几分钟内形成的这些原子。

在今天的宇宙中，那些比氦大 2% 的原子核是在大爆炸之后数十万年才形成的。在引力的作用下，这些原子聚集成巨大的星云，星云又在自身引力的作用下坍塌成恒星。恒星在引力作用下聚集在一起形成星系。引力是一种可以将任何有质量的物体拉向彼此的力量，例如，它能够使苹果从树上掉下来。

大型物体（如地球和太阳）由于受引力和电磁力的作用，都在进行运动。然而，除了这些运动之外，宇宙还在持续地膨胀——不断地增加太空中嵌入的星系之间的距离。可以通过烤面包中的葡萄干的变化解释宇宙的膨胀：随着面包的膨胀，尽管面包内的葡萄干之间的距离正在增加，但它们仍然固定在面包内。

1912—1922 年，美国天文学家维斯托·斯里弗（Vesto Slipher）观测了 41 个星系的光谱，发现其中的 36 个星系的光谱发生红移，他认为这种现象意味着这些星系正在远离地球[4]。1929 年，美国天文学家哈勃（Hubble）的观测表明，星系正以与其距离成正比的速度远离地球，这在传统上被称为"哈勃定律"。1990 年，美国国家航空航天局（NASA）发明了空间望远镜，为纪念哈勃的贡献，将其命名为"哈勃空间望远镜"。此外，小行星 2069（2069 Hubble）、月球上的哈勃环形山均以哈勃的名字命名。2018 年，国际天文学联合会（IAU）投票建议将"哈勃定律"修改为"哈勃 - 勒梅特定律"，以表彰哈勃和比利时天文学家乔治·勒梅特对现代宇宙学的发展做出的贡献。

在量子世界中，原子和亚原子级别的小粒子都是受到弱核力和强核力的影响而运动的。量子力学是描述微观世界的一种理论，它挑战了人们日常生活中的许多直觉。这种理论描述的现象在宏观世界中看起来可能非常奇怪，但是在微观世界中，这些现象是常态。

比如，在日常生活中人们习惯性地认为物体位于一个确定的地方，但在量子世界中，一个粒子的位置是不确定的，直到对它进行测量，这就是著名的海森堡不确定性原理。根据这个原理，人们无法同时精确知道一个粒子的位置和动量。

此外，粒子还能表现出波粒二象性。这意味着一个粒子可以位于一个特定位置，也可以像波那样在一个区域内分布。这就是粒子可以出现在好几个地方的原因。比如，一个电子可以同时穿过两个狭缝，这就是著名的双缝实验。

再者，量子纠缠是一种现象，其中一对或更多粒子以特殊的方式相互联系，使得一个粒子的态与另一个粒子的量子态相关联。这意味着一个粒子的态在测量后会立即影响另一个粒子的态，不管它们之间的距离有多远。这种现象被爱因斯坦称为"幽灵般的超距作用"，因为它似乎违背了信息传输速度无法超过光速的限制。

这些奇特的量子现象虽然在日常生活中难以观察，但却是现代科技的基础，包括激光、半导体、MRI（核磁共振成像）扫描及发展中的量子计算机等[5]。

2.3　改变以稳定宇宙

为什么宇宙中的一切都在不断变化？尽管这似乎是可证明的基本事实，但目前的科学还不能完全回答这个问题。

一个可能的原因是，宇宙中的两大主要构成要素——能量与空间——从一开始就带有一种内在的不稳定性。这促使宇宙中的一切持续地变化，使宇宙逐步趋于稳定。并且，由于空间的存在，能量在宇宙中的分布极为广泛，没有任何集中的控制机制。因此，每个组件都以分散的方式为宇宙的稳定性做出贡献。

这个假说为宇宙中最初物质的形成提供了解答。物质的出现是为了缓解能量在宇宙中分布的不均衡，它通过有效地传播能量，推动宇宙朝着更稳定的状态发展。物质形成的过程，可以借鉴水蒸气在冷却过程中凝结成液滴的现象来理解。

在较高的温度下，水分子以分散的状态（即水蒸气形态）存在，此时，系统的能量分布比较均匀，整个系统处于相对稳定的状态。然而，随着环境温度的下降，水蒸气和环境之间的能量差距形成了梯度，这使得系统的稳定性被打破。此时，环境的能量状态低于水蒸气的能量状态。为了恢复系统的稳定，水分子开始变化，密度增大，以促进能量的传递。在这个过程中，水从气态转变为液态。类似地，当物质在宇宙中形成时，粒子的结构也会出现变化，以促进能量的传递，推动宇宙向稳定状态发展。

总体来说，这个假说揭示了一个基本的原理，即宇宙中的物质和能量都在追求平衡和稳定。物质的形成和变化，都是为了促进能量的传递，从而使得宇宙更加稳定。这个原理不仅适用于微观粒子的行为，也适用于宏观的宇宙演化。

在日常生活中也有许多例子，比如，石头会从高处滚下，冰会融化成水。更为复杂的例子包括生物的进化、群体智能的形成，以及热议话题在社交网络中的传播。

后续章节会对这些例子进行详细的探讨。特别是，考虑到本书的重点是研究智能，后面将展示智能是如何在宇宙稳定过程中自然产生的，这些自然现象都在不同程度上体现了宇宙寻求平衡的本质。

参考文献

[1] LEMAÎTRE G. Un Univers homogène de masse constante et de rayon croissant rendant compte de la vitesse radiale des nébuleuses extra-galactiques [J]. Annales de la Société Scientifique de Bruxelles, 1927, 47: 49-50.

[2] WRIGHT E L. Frequently asked questions in cosmology: What is the evidence for the Big Bang [EB/OL]. (2012-12-21) [2023-04-21]. https://www.astro.ucla.edu/~wright/cosmology_faq.html.

[3] HAWKING S, Redmayne E, Thorne K S, et al. Brief answers to the big questions [M]. London: John Murray, 2020.

[4] SLIPHER V M. Spectrographic observations of nebulae [J]. Popular Astronomy, 1915, 23: 21-24.

[5] BYRD G T, DING Y. Quantum computing: Progress and innovation [J]. Computer, 2023, 56: 20-29.

第 3 章

物理学中的智能

这个由太阳、行星和彗星组成的最美丽的系统，只能由一个智慧而强大的存在所指引和支配。

——艾萨克·牛顿（Isaac Newton）

大自然的想象力远远超过我们自己。

——理查德·费曼（Richard P. Feynman）

在宇宙形成之后，出现了物理学这门自然科学。物理学致力于探究物质的运动与行为，以及与能量和力相关的实体。物理学已经成为其他所有自然科学研究的基础和支柱。作为自然科学的核心学科，物理学的研究不仅涵盖广阔无垠的宇宙，也深入基本粒子等微观世界，旨在解读物质最基本的运动形式与规律。物理学的研究领域广泛，包括物质、能量、空间、时间等，特别是对它们的性质以及彼此间的相互关系进行深入的研究。

本章介绍物理学中的智能现象，包括在物理学层面上使宇宙更加稳定的奇妙现象。通过本章的学习，可以看到，在物理学层面上推动宇宙趋向稳定的过程中，智能应运而生。

3.1 美丽的物理世界

宇宙的美丽和奇妙令人叹为观止，文字远远不能尽述其全貌。它更体现一种完美——一种出人意料、难以言喻的完美。各种物理常数——如光速、电子电荷，以及四种基本力（即引力、电磁力、弱相互作用力和强相互作用力）的比例——宛如经过精细微调，使得宇宙得以生存并顺利运行。这种微妙的平衡和精确的调整，令人不可思议。

本书第1章曾讨论过，智能的本质可以被描述为一个个体实现目标的能力。从这个角度看，宇宙也确实拥有它自己的智能。就像一个宏大的、无比精密的机器，它通过微妙而精确地调节各种物理常数，实现了一个宏伟的目标——创造并维系宇宙。因此，宇宙在这个意义上，确实展现了其深沉而独特的智能。

中子的质量是质子质量的1.00137841870倍，而质子实际上就是一个裸露的氢核。这一微妙的质量差异使得中子能够衰变成质子、电子和中微子，这一过程决定了大爆炸后氢和氦的相对丰度，塑造了一个以氢为主的宇宙。倘若中子与质子的质量比稍微有所不同，宇宙将会截然不同。举例来说，如果氦的数量过多，恒星将会燃烧得过快，导致生命无法进化；如果质子衰变成中子而非反之，那么宇宙中将无法形成原子。因此，人类实际上不可能存在于这样的宇宙之中。这种微妙的质量差异使人类的存在成为可能，从某种意义上说，也展示了宇宙的智能。

在生命的多样性和可能性上，人类的想象力仍然是有限的。理论上，存在许多人们无法想象或理解的生命形式。它们可能在极其不同的环境中生存，依赖人们未知或无法理解的能源，有着人们无法想象的感知和思维方式。例如，有的生命形式可能完全不依赖恒星的光照，也不需要依靠恒星爆炸时释放到太空的比较重的化学元素。它们可能有着全然不同的生命过程和存在方式，甚至存在于人类已知的物理规律之外。

然而，这并不意味着宇宙一定能孕育生命。事实上，只有在特定的物理条件下，生命才有可能产生。这些条件包括但不限于特定的基本力比例、合适的化学元素丰度、适当的宇宙常数等。如果这些条件稍有不同，就可能导致一个完全不同的宇宙，可能美丽，但无法孕育生命。

因此，人类所在的宇宙，以及人类的存在，可以说是在无数可能的宇宙中，能够支持生命的宇宙中的独特体现。这是一个令人惊叹的现象，也是一个值得人类深思的问题。

3.2　引力智能

作为宇宙四大基本力之一，引力无所不在，无所不及。引力是宇宙中最基本也是最神秘的力量之一，它的存在贯穿宇宙的每个角落，影响着一切具有质量或能量的事物。从最宏大的星系，到最微小的粒子，都在引力的作用下彼此吸引。引力是宇宙的建筑师，塑造并定义了宇宙。

在宇宙的早期，由于受到引力的作用，分散在浩瀚空间的气体聚集在一起，形成了恒星、星团和星系。这些星球和星系的形成，构建了宇宙的基本结构，提供了生命诞生的舞台。

而在日常生活中，引力无处不在。它给予物体重量，让人们可以在地球上行走而不会漂浮离地。它使得岩石从山上滚落，雨滴从天空降落。它将月亮牵引到地球的轨道上，也让地球围绕太阳运行。

引力还在地球的大气和海洋中发挥着重要的作用，引起风、洋流、潮汐等自然现象。它驱动地球的气候系统，影响着每个季节的温度变化，形成降雨和风暴。它塑造了地球的辐射带，引发了极光的产生。

更值得深思的是，引力的作用不仅局限于物理世界，在某种意义上，它也反映了人类的社会行为和文化。正如物体受到引力的吸引一样，人们也受到情感、信念和价值观的吸引，形成了各种各样的社会和文化集群。

引力是宇宙的基本力量，它的存在和作用，无论在宇宙中还是在人类的日常生活中，都起着至关重要的作用。引力的影响无处不在，无时不在，它是塑造宇宙和人类生活的重要力量。

引力是每个人在日常生活中都会经历的，但为什么会有引力，这个问题在科学上仍然是一个未解的谜。已经有了一些模型和理论来描述和预测引力的行为，但是人类仍然不清楚引力的本质。

在人类历史长河中，物理学家对引力的理解经历了多次重大的变革。在这个过程中，两位物理史上的巨人——艾萨克·牛顿和阿尔伯特·爱因斯坦——的贡献尤为突出。

艾萨克·牛顿在17世纪提出了第一套系统地描述引力的理论——万有引力定律，该定律表明每个质量都会吸引其他质量，吸引力的大小与两个质量的乘积成正比，与它们之间距离的平方成反比。然而，虽然牛顿的定律在预测天体的运动方面非常成功，但是它并没有解释为什么物体之间会有吸引力。牛顿在1687年提出："万有引力一定是由一个智能的神根据某些规律不断地行动引起的[1]。"在牛顿之前，没有人听说过万有引力，更不用说普遍规律了。

这个智能的神到底是什么？"无论这个'神'是物质的还是非物质的，我都留给我的读者考虑。"牛顿表示。

当牛顿说到神时，他可能在指一个设定并维持自然法则的力量，而不是特定的个体或者神祇。他的用词可能是为了强调万有引力的普遍性和稳定性，以及它对整个宇宙的影响，而不是为了表达特定的宗教信仰。

牛顿的这一表述也反映出他对自然世界的敬畏和谦卑，他承认人类对自然法则的理解仍然有限，尽管人们可以描述和预测自然现象，但仍然不能完全理解它们背后的深层原理。

　　至于牛顿所说的神是物质的还是非物质的，他并未给出明确的定义或解释，而是将其留给读者自行解读。这也反映出他的开放态度，他认为科学和哲学的问题应该开放讨论，而不应该被任何特定的观点或理论所束缚。

　　200 多年来，没有人真正挑战过引力智能可能是什么。或许，任何可能的挑战者都被牛顿的天才吓倒了。

　　爱因斯坦的广义相对论首次公布于 1915 年，该理论提供了对引力的全新理解[2]。在没有实验前兆的情况下，爱因斯坦想象出一种能产生引力的智能体。在此理论中，引力不再被视为物体之间的力，而是被认为是物体对周围空间和时间的扭曲。这一理念的灵感来源于爱因斯坦的狭义相对论，其中提出了空间和时间相互联系的概念，构成了人们所说的四维时空。

　　根据爱因斯坦的理论，一个物体的质量和能量可以扭曲周围的时空。这种扭曲或弯曲，导致其他物体在靠近这个物体时运动轨迹被改变。这种被改变的运动轨迹就是人们通常所说的引力效应。这是一种非常直观的理解方式，因为在这个框架下，物体总是沿着时空的曲率或几何形状进行自由运动。因此，当一个物体在另一个物体附近改变其运动方向，这不是因为有一个看不见的力在作用，而是因为时空本身已经被扭曲，物体只是在遵循这个扭曲的时空规则。

　　这种观点对于理解在强重力环境下的物理现象，如黑洞和宇宙的大规模结构，非常有用。例如，光在接近一个大质量物体（如行星或黑洞）时，其传播路径也会受到时空曲率的影响，导致光线弯曲，这就是人们通常说的引力透镜效应。

　　爱因斯坦的广义相对论提供了一个更加全面和准确地描述引力的框架。它不仅包括了牛顿万有引力定律在弱引力环境下的结果，还预言了在强引力环境下的新现象，这些新现象在牛顿理论中无法解释。

　　图 3-1 表明引力不是力，而是时空的曲率。

图 3-1 由质量对空间和时间的影响而产生的引力（由 NASA 提供）

蹦床游戏可以帮助我们理解爱因斯坦的空间引力扭曲理论。人的重量导致蹦床空间的弹性结构出现凹陷。站在蹦床上，将一个球放在蹦床边缘，球会朝着人的方向滚动。如果这个蹦床是隐形的，外界看来，球就像是在被人的脚吸引。这是因为人的重量使蹦床产生了弯曲，人越重，蹦床弯曲的程度就越大。

人们普遍认为相对论是一种抽象且高度神秘的数学理论。虽然广义相对论和狭义相对论可能在日常生活中看似抽象，但它们对现代科学技术的影响是显著的，尤其是在全球定位系统（GPS）和中国北斗系统中至关重要。以 GPS 为例，GPS 由 20 多颗环绕地球高轨道的卫星网络组成 [3]。GPS 接收器通过比较从当前可见的 GPS 卫星（通常为 6～12 个）接收的时间信号，并在每个卫星的已知位置上进行三边测量确定自己的当前位置。GPS 所达到的精度是非凡的：即使只用一个简单的手持式 GPS 接收器，也可以在几秒钟内确定自己在地球表面上的绝对位置，可以精确到 5～10m。通过更复杂的技术，如实时运动学（Real-Time Kinematic，RTK），只需几分钟的测量即可提供厘米级精度的定位，GPS 可用于高精度测量、自动驾驶和其他领域。

GPS 系统依赖于高精度的时间测量和同步。我们的位置是通过测量来自不同卫星的信号到达 GPS 接收器的时间确定的。由于这些卫星在地球上空不同位置的高速运动，相对论的效应（包括时间膨胀和引力红移）会影响它们的时间测量结果。

具体来说，由于狭义相对论的时间膨胀效应，卫星上的时钟会比地面的时钟快。另外，由于广义相对论的引力红移效应，卫星上的时钟会比地面的时钟慢。这两种效应相互作用，导致卫星上的时钟总体上比地面的时钟快。

如果忽略这些相对论效应，那么 GPS 系统的位置精度将会大大降低。实际上，如果不纠正相对论效应，GPS 的误差会以每天约 10 公里的速度增加，这意味着只需几分钟，GPS 的位置数据就会完全失去意义。

3.3　引力和暗能量

引力本身就可以使宇宙不稳定，因为在牛顿和爱因斯坦的理论中，引力总是试图把物质聚集在一起。

假设在宇宙中有一些完美地均匀分布的物质。这个状态类似于一块岩石处在山峰尖锐的顶部，且保持平衡。只要一切保持完美，物质就会保持均匀分布，岩石也会保持平衡。然而，如果稍微推动这块岩石，它就会滚下山坡。对于只有引力的宇宙也是如此，最微小的扰动都可能导致局部的密度增加。

这种微小的密度扰动会使周围的物质受到更强的引力吸引，进一步增加这个区域的密度。这将触发连锁反应，导致更多的物质聚集在这个区域。一旦这个过程开始，就不会停止。这个初步的密度扰动会逐渐发展到一个更大的密度区域，更有效地吸引周围的物质。

21

事实上，理论研究表明，只要有足够的物质，任何区域的密度最终都会变得非常大，以至于形成一个黑洞。这就是为什么说引力使宇宙不稳定：任何微小的密度扰动都可能触发一个过程，导致物质的大规模聚集和黑洞的形成。

为了解决这个问题，爱因斯坦引入了一个新的变量——宇宙常数。宇宙常数用来表示一个普遍存在的、均匀分布的能量，这种能量的效果是产生一种反引力。在他的方程中，如果一个宇宙由宇宙常数主导，那么宇宙将会展现出一种特性：任何两点之间的距离都会随着时间的推移而增加。这种效应就像一个反引力，它与万有引力产生的吸引作用相反，导致宇宙的扩张。

爱因斯坦的宇宙常数是为了使他的广义相对论与他的静态宇宙的观念相一致而做的修改。他认为宇宙是静态的、永恒不变的，这个想法是基于当时的观察和理解。然而，这与他的引力理论产生了矛盾，因为根据他的理论，物质应该被引力吸引在一起，导致宇宙的收缩或扩张。

换句话说，万有引力的作用是使物体相互吸引，聚集在一起。但宇宙常数的效果却是使任意两点相互分离，推动宇宙的扩张。这种平衡使得宇宙可以在引力的吸引和宇宙常数的推动之间保持稳定。

这不是一个令人满意的解决方案。如果一个物体离另一个物体太近，引力会克服宇宙常数，导致失控的引力增长；如果把其中一个物体移得太远，宇宙常数会克服引力，使这两个物体无休止地加速远离。

1922年，俄罗斯物理学家亚历山大·弗里德曼（Alexander Friedmann）成功推导出了一个控制宇宙均匀填充的复杂方程。这个方程不仅揭示了宇宙的结构，也让人更为深入地理解了宇宙的内在秩序。然而，弗里德曼并不是唯一探索这个问题的科学家，比利时的乔治·勒梅特（Georges Lemaître）、美国的霍华德·罗伯森（Howard Robertson）、阿特·沃克（Art Walker）等也通过各自的研究，得出了与弗里德曼相似的解决方案。

这一解决方案的震撼之处在于它的激进主张：宇宙的时空结构并不是永恒不变的。它打破了宇宙静止不变的传统观念，明确指出宇宙的时空结构必须进行扩张或收缩，这是它保持稳定的必要条件。也就是说，宇宙并不是一成不变的，而是处在持续的动态变化中。这一深刻的认识让人们重新审视自己生活的宇宙。在现存的案例中，显示宇宙正处于膨胀的状态，这是一种巨大而神奇的自然现象，深远而又神秘。

目前，科学界普遍认为宇宙的膨胀并不需要依赖于宇宙常数，相反，它依赖于一种新的具有自身特性的广义能量形式，这就是所谓的暗能量。暗能量是一种神秘的力量，它对宇宙的膨胀产生了推动作用，但人们对它的理解仍然相当有限。

回顾历史，可以发现，爱因斯坦在这个问题上有些许偏见。他坚持认为宇宙是静态不变的，这与人们现在的理解是有冲突的。为了实现他的静态宇宙观念，爱因斯坦在他的广义相对论中引入了一个修正项，即宇宙常数。然而，随着科学的发展，人们已经知道这个宇宙常数并不是必要的。

宇宙常数被视为爱因斯坦的一个大错误，他自己也曾将其描述为他的"最大的错误"。然而，即使是这样的一个错误，也帮助人们了解到宇宙并非静止不变的，而是处于持续膨胀之中。对宇宙深入的研究也启发人们去探索这种神秘的暗能量，暗能量是一种超越宇宙常数，对宇宙膨胀有着重要影响的新型能量。

3.4　熵引力

最近的研究表明，引力可能是一种熵力，也就是说，它是一种新现象，而不是一种基本力[4]。这种理论被称为熵引力或新引力理论，它基于弦理论、黑洞物理学和量子信息理论，描述引力作为一种新现象，源于小比特空间时间信息的量子纠缠。在这种理论下，引力被认为遵循热力学第二定律，即一个物理系统的熵随时间的推移而增加。

　　根据这种理论，当引力变得微弱到只能在星际距离上观察到时，它的性质开始偏离经典理论中的引力，其强度开始随着与其他质量的距离的扩大而线性衰减。这个理论还解释了修改过的牛顿动力学（MOND），即在引力加速度阈值约为 $1.2 \times 10{-}10$ m/s² 时，引力强度开始与质量的距离成反比线性变化，而不是遵循通常的距离的平方反比律。

　　此外，这个理论声称它既符合宏观层面对牛顿引力的观察，又符合爱因斯坦的广义相对论与其空间和时间的引力扭曲理论。重要的是，这个理论也解释了（不需要引入暗物质和调整新的自由参数）为什么银河的旋转曲线与预期的可见物质轮廓不同。熵引力理论认为，被解释为未观察到的暗物质的东西是量子效应的产物，可以被视为一种可将空间的真空能量从其基态值提升的正暗能量形式。

　　引力的热力学描述在历史上至少可以追溯到 20 世纪 70 年代中期霍金对黑洞热力学研究的时期。这些研究表明，引力和热力学之间存在深入的联系，而热力学描述的是热的行为。1995 年，雅各布森证明，描述引力的爱因斯坦场方程可以通过将一般的热力学原理与等效原理结合起来得出。随后，其他物理学家，尤其是塔努·帕德马纳班（Thanu Padmanabhan），开始探索引力和熵之间的关系。

　　这个理论为主流物理学目前将宇宙膨胀归因于暗物质的想法提供了另一种解释。由于暗物质被认为是构成了宇宙物质的绝大多数，因此一个不存在暗物质的理论对宇宙学有巨大的影响。

　　如果引力遵循热力学第二定律，则可以说引力是促进宇宙稳定的一个自然现象。

3.5　最小作用量原理

　　皮埃尔-路易斯·莫罗·德·莫佩尔蒂（Pierre-Louis Moreau de Maupertuis）是 18 世纪法国的一位数学家和哲学家，他于 1744 年提出了最小作用量原理（least action principle）[5]。通过对牛顿力学定律进行奇特的改造，他提出最小作用量原理，预料会受到好评。然而，他的理论一开始就遭到全欧洲知识分子的嘲笑。但后来的事实证明，这一原理是物理学中较有影响力的思想之一。到 19 世纪末，整个力学科学都建立在这个原理上。最小作用量原理有时被认为是物理科学领域中最伟大的概括，这并不奇怪。直到 21 世纪，该原理仍然是现代物理学和数学的核心，被应用于热力学 [6]、流体力学 [7]、相对论、量子力学 [8]、粒子物理学和弦理论，且是莫尔斯理论现代数学研究的重点。

　　宇宙被赋予智能，总是以最"经济"且有效的方式行动。最小作用量原理的推理逻辑是：宇宙中的任何运动都应遵循最小作用量原理，即在所有可能的路径中，物体总会选择使得作用量达到最小的路径。其中"作用量"是一种物理量，可以通过物体的质量、速度和移动距离的乘积计算。

　　这个原理的核心思想是，无论是微观粒子的运动还是宏观物体的运动，它们都以一种最节省能量的方式进行，这种方式恰好使得作用量最小。这也是一种反映自然界极致效率的方式，因为这种效率的体现不仅在于能量的最小消耗，也在于时间的最小耗费。

　　这给我们的世界赋予了一种秩序感，认为宇宙中的所有事物都是有目的、有规律的存在。

　　在最小作用量原理被明确提出之前，许多相关的思想已经在测量学和光学等领域出现。古埃及的拉绳测量者（rope stretcher）在进行测量工作时，使用了一个基本的原则，那就是当两点间的绳索被拉紧时，这段距离达到最短。这种方法有效地减少了由于绳索弯曲导致的测量误差，反映了最小作用量原理的初步应用。

　　另一个例子来自古代的天文学家托勒密，在他的著作《地理学指南》（*Geographia*）中，他强调测量者需要对直线路线的误差进行适当的修正，以确保测量结果的准确。这种对误差修正的追求，也反映了最小作用量原理的思想。

　　在光学领域，古希腊数学家欧几里得在《反射光学》一书中提出，光线在镜面上的反射路径符合最小作用量原理。他指出，光线在镜面上反射时，入射角等于反射角，这一现象可以理解为光线选择了使得总旅程时间最短的路径。后来，希罗进一步证实了这一观点，他证明了光线在镜面上反射的路径确实是所有可能路径中最短的[9]。

这些例子展示了在不同的科学领域，最小作用量原理已经被广泛应用。无论是在测量学领域，还是在光学领域，这一原理都被用来解释和预测自然现象，它在科学发展中起到重要的作用。

莫佩尔蒂提出的最小作用量原理实际上是对自然界的深刻洞察。他发现，无论在地球上还是在广阔的宇宙中，所有物体的运动都遵循一个简单而优雅的原则：每个物体的速度与其移动距离的乘积之和总是最小的。这就像是自然界的一个经济法则，无论是一块扔出去的石头，还是一个运动的行星，它们都会自然地选择最经济的路径。

如果扔出一块石头，根据最小作用量原理，石头会选择最经济的路径落到地面，如图 3-2 所示。这个路径并不一定是直线，它可能是一个复杂的弧线，但无论怎样，它都是速度与移动距离的乘积之和最小的路径。这个原理不仅可以解释自然界的许多现象，还可以用来预测未来的运动，比如计算石头的落点。

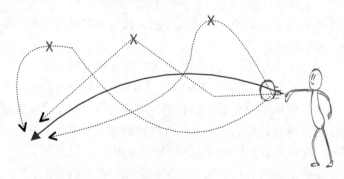

图 3-2　石头被扔出后的轨迹遵循最小作用量的路径

莫佩尔蒂认为这个原理有着更深层的意义。他认为，这个原理揭示了宇宙的智能属性，表明宇宙以最"经济"和有效的方式运行。他在论文中写道："运动和静止的定律是从这个属性中推导出来的。"这个大胆的声明暗示了他的发现有着宗教或哲学的意义。

进一步，他认为，如果自然界的运动遵循最小作用量原理，那么就暗示了一种智能的存在，一种可以设计和执行这个原则的智能。这是一个非常大胆的观点，揭示了他对于自然界的深刻思考。

最小作用量原理是一种直观而深刻的物理概念，其名称已经明确传达了其核心理念。在此原理中，"作用量"是一种衡量运动路径选择所需代价的量度。简单地说，作用量就是从一点到另一点所需的代价（Cost），这个代价可能包括时间、能量、距离等因素。

然而，这个"作用量"的具体形式并不是固定的，而是根据不同的情况有所变化。在经典力学中，作用量可能指从一点移动到另一点所消耗的能量；而在其他领域，如量子物理或热力学领域，作用量的定义可能会有所不同。这就需要根据具体的研究对象和领域，通过经验和理论分析寻找和确定作用量。

在均匀介质中，光线总是沿直线传播，这是因为直线代表了最短的距离。然而，在非均匀介质中，光线会经历折射，改变传播路径。这种现象的根本原因在于，通过折射，光可以找到一条所需时间最短的路径，也就是最短的光程。

换句话说，光的折射模式是为了寻找一条能使光传播所需时间最短的路径。这种情况下的作用量定义为光线路径长度和介质折射率的乘积，这样的路径称为光程。光总是选择使得这个作用量最小的路径，这就是著名的费马原理。这个原理在光学中有着广泛的应用，有助于理解光的传播和折射行为。

再考虑一个例子：一条细长的链条，其两端悬挂在同一高度上。在这种情况下，链条的形状会是怎样的呢？按照自然界的智能，这个系统会自动调整到使其作用量——在此情况下是重力势能最小。通过应用变分原理，可以计算出这条链条的最优形状，即著名的"悬链线"形状。这是一个非常实用的例子，因为它可以帮助理解和设计桥梁、电线和其他需要两端悬挂的物体的最佳形状。

下面通过一个简单的例子揭示这个原理的本质。设想一块石头被置于深谷一侧的山顶，如图 3-3 所示，它将沿着山坡滚落。对于这种看似简单的自然现象，可以用两种方式解释。一种解释基于经典的牛顿物理学，即引力驱使石头下落，而空气阻力和地面摩擦力为反作用力。另一种解释则不涉及力的概念，而是从系统稳定性的角度考虑：当石头位于山顶时，系统处于不稳定状态，为了达到稳定状态，石头会移动到山谷的某个位置，即处于山谷底部，使得整个系统（包括石头和地球）的势能达到最小值。第二种观点提供了一种理解和描述自然现象的动态演化过程的全新视角。

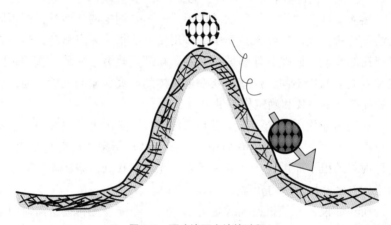

图 3-3　石头滚下山坡的过程

换言之，石头的滚动是系统稳定性的自然体现。相较于选择其他路径时，通过选择最小作用量的路径，系统能以更高效的方式达到稳定状态。在这种自然稳定的过程中，可以观察到自然的智能性。这就如同大自然在不断地进行自我优化，以求达到最经济、最有效的状态。这个过程中体现出的智能并非人们常说的思考和决策，而是自然规律在引力作用下的自然现象。通过采取行动最少的路径，系统以比采取另一条路径时更有效的速度稳定下来。在这个稳定的过程中，智能自然而然地呈现。

理解最小作用量原理的一个实用方式是将其应用到日常生活中。人们在生活中总是试图以最有效的方式完成任务，无论是在时间上还是精力上，人们都在寻找最佳的解决方案。这种寻求最小消耗的习性是人类的本能反应，它在许多方面展示出来，例如制造工具和设备以提高效率，从简单的锤子、轮子到复杂的计算机和人工智能系统。

创造工具和技术的目的就是减少完成任务所需要的时间和精力。例如，计算机和人工智能设备都是为了处理大量数据、解决复杂问题以及执行重复任务而设计的工具，这些工具能够极大地提高工作效率，帮助人们节省大量的时间和精力。

相信人类是地球上最聪明的物种的一个理由就是，人类有能力创造和使用工具。人类不仅创造工具，还设计各种系统和流程，以实现更高效的工作。人类设计交通系统以缩短旅行时间；设计经济系统以更有效地分配资源；设计社会和政治系统，以实现更公正和高效的社会管理。

这种对效率的追求，无论是在个人生活中，还是在社会和科技发展中，都反映了最小作用量原理的精神。人们总是在寻找能够使努力最小化，同时又能达到目的的路径。这种思想不仅普遍体现在日常生活中，也是驱动科技进步的强大动力。

3.6　量子隐形传态

"Beam me up（把我传上飞船）"是科幻电视剧《星际迷航》中的一句标志性台词。当剧中的角色需要从遥远的地方被传送回 Enterprise 号星舰时，他们就会发出这一命令。这句台词已经深深植入科幻文化的中心地带，经常被引用。

尽管在科幻小说中，人类传送已经成为可能，但在现实生活中，这一点尚未实现。然而，值得注意的是，在量子力学领域，确实有一种叫作量子隐形传态的现象。这种现象的实质并不像科幻作品中通常描绘的那样——物质从一个地方消失，随后在另一个地方出现，相反，量子隐形传态主要涉及信息的转移，而不是物质的转移。这是一个独特的现象，揭示了量子力学世界的微观特性，打开了一扇通向未知的窗户。

在量子隐形传态中，粒子的状态可以立即"传送"到两个遥远的纠缠粒子。2020 年 12 月，美国能源部科学办公室国家实验室费米实验室的科学家及其合作伙伴首次提出时间展示了保真度大于 90% 的持续、长距离（44 千米）隐形传态[10]。

量子隐形传态是一种利用量子纠缠这一独特的自然现象实现的技术。这一现象曾被爱因斯坦形象地描述为"远距离的幽灵"，因为在两个粒子发生量子纠缠时，一个粒子的状态会立即影响另一个粒子的状态，不论两个粒子之间的距离有多远。

为了进一步说明这一现象，可以考虑一个例子：假设电子 A 和电子 B 之间存在量子纠缠。在这种情况下，任何对电子 A 的改变都会瞬间影响电子 B。这种影响的速度甚至超过了光速，这可能让人感到难以置信，但这正是量子纠缠的奇妙之处。这种影响的发生不受距离的限制，即使电子 A 位于地球上，电子 B 位于木星上，这种影响也会即时发生。

这种现象之所以被爱因斯坦称为"远距离的幽灵"，是因为它在直观上似乎违反了人们对物理世界的基本认识，尤其是关于光速是宇宙中速度上限的认识。但是，这也正是量子物理学引人入胜的地方，它挑战了人们对世界的传统观念，并向人们揭示出自然界的深层次和微观世界的奇妙规律。然而，尽管量子隐形传态的现象已经得到了实验的证明，但如何将这一现象应用到实际的技术中，例如实现大规模的量子计算和通信，仍然是一个极具挑战性的问题。

量子纠缠的性质是量子计算机相对于经典计算机的强大之处。纠缠是指当两个或多个粒子之间发生相互作用后，它们的状态变得不可分离，对其中一个粒子的测量结果会立即影响到其他纠缠粒子的状态，即使它们之间相距很远。

量子纠缠的特性赋予了量子计算机独特的能力。利用量子纠缠，量子计算机可以在同一时间处理多个状态，这被称为量子叠加。与经典计算机一次只能处理一个输入相比，量子计算机可以同时处理多个输入的组合。这种指数级的并行处理能力使得量子计算机在解决某些问题上比经典计算机更加高效。

例如，在因子分解和搜索问题中，量子计算机可以通过量子的并行性和纠缠性质加速计算过程。对于因子分解，传统计算机需要遍历所有可能的因子确定一个大数的素因子，而量子计算机可以利用量子纠缠和量子叠加，在指数级的速度上找到素因子。类似地，对于搜索问题，量子计算机可以通过量子纠缠和量子叠加在更快的时间内找到目标项。

除了在计算方面的应用，量子纠缠还对解决物理学中的实际问题和基本问题具有重要意义。量子纠缠是量子力学的核心概念之一，它有助于解释纠缠量子的奇特行为，如爱因斯坦所描述的"遥远的幽灵之间的奇妙互通"。理解量子纠缠有助于揭示量子世界的本质，解决人们关于量子力学的基本原理和测量问题的困惑。

此外，量子纠缠还在量子通信和量子加密领域扮演着重要角色。通过利用量子纠缠的特性，可以实现量子密钥分发和量子隐形传态等安全通信方式，这对于保护信息的安全性至关重要。

量子纠缠的特性是量子计算机相对于经典计算机的优势所在。纠缠使得量子计算机能够以指数级的方式解决某些问题，同时深入理解量子纠缠还有助于解决物理学中的实际和基本问题。

量子纠缠的原因是一个复杂而仍在积极研究的问题。尽管科学家已经有了一些关于量子纠缠特性的重要发现，但对于量子纠缠的确切本质仍然没有确定的答案。

从波函数的角度出发，一种解释量子纠缠的观点是，量子纠缠是量子系统中波函数相互依赖和相互作用的结果。根据量子力学的描述，粒子的状态可以用波函数描述，而波函数是一个包含相关粒子性质的数学对象。当两个或多个粒子发生相互作用时，它们的波函数会耦合在一起，形成一个整体的波函数，其中包含所有纠缠粒子的信息。这种相互依赖和相互作用导致了量子纠缠的出现。

另一种解释量子纠缠的观点是，量子纠缠基于信息守恒定律。根据这个观点，纠缠粒子之间的关系可以视为一种信息的束缚，其中的信息无法被破坏或消失，满足信息守恒定律。这意味着纠缠粒子之间的状态变化必须保持一致，以维持整个系统的稳定性。如果其中一个纠缠粒子发生了变化，那么系统将变得不稳定，而另一个纠缠粒子也必须相应地发生变化，以满足信息守恒的要求。

在量子力学中，信息守恒是一个重要的原则。它表明在量子系统中，信息的总量随着时间的变化保持不变。量子纠缠的存在使得纠缠粒子之间的信息得以守恒，因为纠缠状态的变化必须满足信息守恒定律。

当两个粒子发生纠缠并形成一个整体系统时，它们的状态相互关联，以至于它们的信息无法被单独分离或破坏。这种关联的存在导致了纠缠粒子之间的状态变化必须保持一致，以满足信息守恒的要求。

信息守恒的观点提供了一种理解量子纠缠的框架，即量子纠缠是通过信息的绑定和守恒而产生的。这从动力学机制视角解释了量子纠缠，并说明了为什么纠缠粒子之间的状态变化必须相互关联。

尽管信息守恒的观点在解释量子纠缠方面提供了一种有意义的思路，但科学家们仍在积极探索其他观点和理论，以便深入理解量子纠缠的本质。随着实验和理论研究的进展，人类有望进一步揭示量子纠缠的奥秘，并在量子科学和技术领域中更好地应用量子纠缠的特性。

参考文献

[1] CHANDRASEKHAR S. Newton's principia for the common reader [M]. Oxford: Oxford University Press, 1995.

[2] EINSTEIN A. Relativity: The special and general theory [M]. New York: Henry Holt and Company, 1920.

[3] DEPARTMENT OF DEFENSE. Global positioning system standard positioning service performance standard [J]. GPS & Its Augmentation Systems, 2008, 35(2): 197-216.

[4] VERLINDE E, VERLINDE E. On the origin of gravity and the laws of Newton [J]. Journal of High Energy Physics, 2011, 2011(4): 1-27.

[5] JOURDAIN P E B. Maupertuis and the principle of least action [J]. The Monist, 1912, 22 (3): 414-459.

[6] VLADIMIR G-M, PELLICER J, MANZANARES J A. Thermodynamics based on the principle of least abbreviated action: entropy production in a network of coupled oscillators [J]. Annals of Physics, 2008, 323(8): 1844-1858.

[7] GRAY C. Principle of least action [J]. Scholarpedia, 2009, 4(12): 8291.

[8] FEYNMAN R P. The principle of least action in quantum mechanics [D]. Cambridge: Harvard University, 1942.

[9] KLINE M. Mathematical thought from ancient to modern times [M]. Oxford: Oxford University Press, 1986.

[10] HESLA L. Fermilab and partners achieve sustained, high-fidelity quantum teleportation [EB/OL]. (2020-12-01) [2023-04-21]. https://news.fnal.gov/2020/12/fermilab-and-partners-achieve-sustained-high-fidelity-quantum-teleportation/.

第4章
CHAPTER 4

化学中的智能

化学是科学的枢纽。一方面，它涉及生物学并为生命过程提供解释；另一方面，它与物理学相结合，并为宇宙演化的基本过程和粒子中的化学现象找到解释。

——彼得·阿特金斯（Peter Atkins）

秩序源于混乱。

——伊利亚·普里高津（Ilya Prigogine）

随着抽象水平的进一步提高，智能的故事还在继续。随着碳原子等原子中丰富信息结构的出现，越来越复杂的分子开始形成。结果，物理学催生了化学，稳定宇宙的过程达到了新的水平。

化学处于物理学和生物学之间，涉及诸如原子和分子如何通过化学键相互作用以形成新化合物等主题，包括物质的组成、结构、性质、行为及其与其他物质反应过程中所经历的变化。

世界是由各种物质构成的，这些物质主要发生两种变化：化学变化和物理变化（当然，还包括核反应）。

不同于研究尺度更小的粒子物理学与核物理学，化学研究原子、分子、离子（团）的物质结构和化学键、分子间的作用力等。化学所研究对象的尺度是微观世界中最接近宏观的，因而它们的自然规律也与人类生存的宏观世界中物质和材料的物理、化学性质最为息息相关。化学作为沟通微观世界与宏观物质世界的重要桥梁，是人类认识和改造物质世界的主要方法和手段之一。人类的生活能够不断改善和提高，化学的贡献起到了重要的作用。我们依靠化学来烘焙面包、种植蔬菜和生产日常生活材料。化学是雪花形成、香槟制造、花朵呈现颜色及其他自然和技术奇迹的基础。

本章简要回顾化学的发展过程，随后介绍一些在化学层面上使宇宙更加稳定的奇妙现象。通过本章的学习，读者可以看到，在化学层面上推动宇宙趋向稳定的过程中，智能应运而生。

4.1 化学发展的简要历程

从原始社会开始使用火，到现代社会中广泛使用各种人造物质，人类一直在享受化学成果的便利和进步。人类的祖先钻木取火，利用火烘烤食物、驱赶野兽、寒夜取暖，充分利用了燃烧时的发光发热现象，可以说是人类最早的化学实践活动之一。燃烧本身就是一种基本的化学现象。

在掌握了火的使用后，人类逐渐发现了一些物质变化的规律，例如，孔雀石等含铜矿石焚烧后会生成红色的铜。这些发现不仅增加了人类的知识，还开启了人类对物质世界的全新探索，为金属加工、炼金术、陶瓷制作等工艺打开了大门。

这些知识和经验的积累，再加上人类对化学原理的逐渐理解，引发了社会变革，促进了生产力的发展，推动了历史的前进。比如，人们通过控制和利用化学反应，创造出了各种各样的新材料，这些材料在建筑、交通、通信、医疗等领域发挥了巨大的作用。同时，人们也通过化学方法提炼和利用自然资源，比如石油、煤炭和矿石，极大地推动了社会工业化的进程。

化学的发展也反过来提升了人类对世界的理解。每一次新的化学发现，都可能颠覆人类对世界的理解，打开新的研究领域，解决人类面临的实际问题。从这个意义上说，化学是推动人类文明进步的重要动力之一。

可以说，化学不仅是一门科学，也是一种工艺、文化和哲学。它既是理解世界的工具，也是改造世界的手段；它既是人类生活的基础，也是人类前进的动力。

随着逐步了解并利用物质变化的规律，人类制造出了许多对社会有极大价值的产品。人类逐渐掌握了冶炼技术和制陶技术，后来又学会了染色、酿造等多种技艺。通过对天然物质进行加工和改造而制成的金属器具、陶器等，已经成为古代文明的重要标志。在这些生产活动的基础上，古代化学开始萌芽并逐渐发展。

从公元前1500年到公元1650年，化学在炼金术和炼丹术的影响下开始发展[1]。炼金术士和炼丹家们为了追求象征富贵的黄金或寻求长生不老的仙丹，进行了大量化学实验，并记录和总结了他们的发现和理论。虽然他们的尝试最终以失败告终，但是在"点石成金"及试图炼制长生不老药的过程中，他们探索了大量的物质间人工转变的方法，积累了许多关于物质进行化学变化的现象和条件的知识。他们的实验和研究使得人们开始理解一些基本的化学反应和物质性质，比如金属的熔化和硬化、酸和碱的性质、燃料的燃烧等。为化学的进一步发展奠定了丰富的实践基础。

在这个时期，"化学"一词开始出现，其初步含义就是"炼金术"。随着时间的推移，炼金术士和炼丹家的努力逐渐转变为更系统、更科学的探索方式，也就是现在意义上的化学。这个转变过程并不是一夜之间完成的，而是通过数百年的探索和实践，通过一代代科学家的不懈努力才实现的。

大约从16世纪开始，随着欧洲工业生产的蓬勃兴起，化学的研究领域和实际应用开始显著扩展，冶金化学和医药化学的研究工作也越发活跃。人们开始更加重视物质的化学变化本身，一些重要的化学理论和定律也应运而生。

冶金化学在这一时期取得了显著的进步，特别是在金属的提炼和矿石的精炼方面。16 世纪的化学家，如乔治·阿格里科拉（1494—1555 年）等，对冶炼技术进行了广泛的研究和实践，他的著作《关于金属的研究》（*De re metallica*）详细描述了当时高度发展的复杂的矿石开采、金属提取和冶金工艺，这些工作为早期化学的发展提供了重要的信息。

同时，人们开始进行系统的定量实验，从而推动了现代化学的初步形成。1661 年，英国科学家罗伯特·波义耳出版了《怀疑化学家》一书，详述了气压和气体体积之间的关系，并首次定义了元素为一种无法通过化学手段分解为更简单物质的物质。这一定义促进了大量元素的发现，其中许多是金属元素。

1869 年，俄国科学家德米特里·伊万诺维奇·门捷列夫（Dmitri Ivanovich Mendeleev）提出了一项令人瞩目的科学成果，即一种创新的化学元素分类方法——元素周期表。这个发现极大地推动了化学科学的进步，被誉为化学的里程碑之一 [2]。

门捷列夫的伟大成就源自他对已知化学元素的仔细研究。当时已知的 63 种元素被他依据原子量大小进行排列，并以表格的形式展示。他深入研究元素间的关系，发现有相似化学性质的元素周期性地出现。基于这一规律，他将这些元素放在同一行，形成了元素周期表的雏形。

然而，门捷列夫的贡献远不止于此。他利用自己创建的元素周期表，成功预测了当时尚未发现的元素的特性，其中包括镓、钪和锗。这些元素后来都被证实存在，且性质与门捷列夫的预测相符，这进一步证实了元素周期表的科学性。

1913 年，英国科学家莫色勒（Moseler）发现，当阴极射线撞击金属产生 X 射线时，金属元素的原子序数越大，产生的 X 射线的频率就越高。这个发现使他认识到，元素的化学性质实际上是由原子核的正电荷决定的，这使他对元素的排列方法有了新的理解。他提出将元素按照其原子核内的正电荷数（即质子数或原子序数）排列，这一观点在经过多年修订和补充后，成为现代元素周期表的基础。

如今，元素周期表已经成为化学领域的基石。它不仅是化学学科中最基本的工具，更是反映元素性质和关系的科学模型。门捷列夫和莫色勒的贡献，无疑对整个化学科学产生了深远影响。

从 20 世纪开始，化学科学经历了一场从未有过的深刻变革。化学科学在研究的深度和广度上都取得了显著的进步。它的发展不再受限于传统的化学反应和物质结构，而是向着更为复杂和微观的领域推进，涵盖了从量子化学到生物化学、从纳米科技到环境科学的各个领域。

化学科学的定量化和微观化研究使人们更深入地理解物质的本质。例如，量子化学的发展使人们能够从微观的角度探索电子的行为，深化了人们对化学键和化学反应机理的理解；纳米科学技术的发展则在微观上创造了新的物质结构和性能，为新材料和新技术的研发开辟了新的道路。

化学科学的发展也推动了与其他自然科学的交叉研究。例如，生物化学的发展不仅深化了人们对生命过程的理解，也为医药、农业和环保等领域的技术创新提供了强大的动力；同时，环境化学的发展则使人们更深入地了解人类活动对环境的影响，并为环境保护和可持续发展提供重要的科学依据。

化学科学的发展也正在引领人们探索宇宙的起源和生命的奥秘。例如，宇宙化学的发展使人们能够研究远离地球的天体中的化学过程，为理解宇宙的起源和发展提供重要的线索；同时，生命科学的发展也使人们能够深入研究生命的起源和进化，推动生命科学的研究和应用。

4.2 耗散结构：秩序源于混沌

仔细观察图 4-1 和图 4-2 所示的令人惊叹的图案。读者可能认为这些精美的设计是由才华横溢的艺术家创作的。然而，这些图案并非人类的作品，它们是由一些非生命的化学物质通过相互作用而形成的。即使在创造美学图案的领域，属于非生命的化学物质也有可能展现出超越人类的智能。

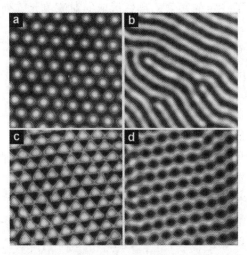

图 4-1　通过亚氯酸盐 - 碘化物 - 丙二酸反应获得的不同对称性的图灵结构
（P.De Kepper 提供）

注：暗区和亮区分别对应高碘和低碘浓度。波长是动力学参数和扩散系数的函数，约为 0.2mm。所有图案的比例相同，视图尺寸为 1.7mm × 1.7mm。

图 4-2　Belousov-Zhabotinsky（BZ）反应产生的复杂的时间和空间模式
（P. De Kepper 提供）

1900年，杭瑞·贝纳尔（Henri Bénard）对这种自然现象进行了研究，他的研究实验成为这一领域最早也是最为人所知的例子之一。在他的实验中，一层薄薄的水平流体被从下方均匀加热，当通过该层的热通量超过了一定的阈值，自然形成的对流单元阵列就展现出惊人的规则性。

最为人熟知的例子是形成六角形图案，但实际上，这种模式也可能呈现为简单的卷曲形状或正方形图案。在每个对流单元中，热流体上升至顶部，随后在冷却后再次下沉，重新被加热。这一过程反复进行，形成稳定的对流循环，从而产生具有高度规则的图案。

贝纳尔的研究揭示了非生命物质在特定条件下的自组织能力。这些物质虽然不具备生命，却能够通过自身的化学和物理性质，形成具有规则性和美感的模式。这种现象不仅提供了对物质组织方式的新视角，也为理解生命的起源和发展提供了一种可能的线索。

此外，贝纳尔现象也在许多实际应用中发挥了重要作用，例如在材料科学、地理学和气象学中。它让人们了解如何控制和利用这种自组织过程，以开发新的技术和产品。

贝纳尔的研究不仅为理解非生命物质的自组织现象提供了重要的理论基础，也为科学研究和实际应用提供了宝贵的启示。

1952年，英国数学家和计算机科学的先驱阿兰·图灵（Alan Turing）发现，当一些化学物质混合在一起，只要某些参数（如化学物质的浓度）超过了特定的阈值，这些物质就可能自发地形成稳定且空间上呈现周期性的图案，如图4-1所示。

图灵的这一发现被普遍认为是"形态发生反应扩散理论"的基石。在这个理论中，物质的浓度分布并不是随机的，而是通过一定的化学反应和扩散过程，形成有规律的模式。这个理论不仅解释了化学反应中的一些现象，也为理解生物体中模式的生成提供了重要的理论基础，例如动物皮肤上的斑点和条纹。

图灵的这一发现极大地丰富了人们对化学反应的认知。他让人们知道，即使在看似简单的化学反应中，也可能存在复杂的模式和规则。这一发现不仅为化学研究提供了新的视角，也为物理学、生物学和工程学等领域提供了新的研究方法和工具。

此外，图灵的研究也对实际应用产生了深远影响。例如，在材料科学中，人们可以利用这种自组织的原理，设计和制造具有特定模式的新材料；在生物医学中，这种理论也被用于理解和预测细胞和组织的形态生成。

在 20 世纪五六十年代，俄罗斯科学家保瑞斯·贝洛索夫（Boris Belousov）和阿那托·扎鲍廷斯基（Anatol Zhabotinsky）发现了一种独特的化学反应——现被誉为 Belousov-Zhabotinsky 反应，简称 BZ 反应[3,4]。这种反应是非平衡热力学的经典例子，形成了非线性化学振荡器。这种振荡器的共同特点是含有溴和酸。BZ 反应对理论化学的重要性在于，它表明化学反应不必受平衡热力学行为的支配。这些反应远离平衡状态，并在相当长的时间内保持如此，同时演变为混沌。

贝洛索夫和扎鲍廷斯基发现，在溴酸钾、硫酸铈（Ⅳ）、丙二酸和柠檬酸溶解于稀硫酸形成的混合物中，铈（Ⅳ）离子和铈（Ⅲ）离子的浓度比发生振荡，这使得溶液的颜色在黄色和无色之间振荡。这是因为丙二酸将铈（Ⅳ）离子还原为铈（Ⅲ）离子，随后被溴酸（Ⅴ）离子氧化回铈（Ⅳ）离子，如此反复。

值得一提的是，BZ 反应的一个重要特性是"可激发性"；另一个重要特性是，在刺激的影响下，本来完全静止的介质中会出现图案。一些反应，如使用三联吡啶钌（Ⅱ）氯化物作为催化剂的 Briggs–Rauscher 反应和 BZ 反应，可以在光的影响下被激发为自组织活动。

在化学文献中和网络上，有许多不同的 BZ 反应配方。如果这些反应在培养皿中进行，首先会形成有色斑点。这些斑点会发展成一系列扩张的同心圈，也可能扩张成类似于由循环细胞自动机生成的螺旋图案。如果晃动这些培养皿，颜色就会消失，随后重新出现。波动会持续，直到反应物耗尽。反应也可以在烧杯中进行，反应时需使用磁力搅拌器。

这一发现在应用物理化学领域引发了激烈的争论。贝洛索夫曾两次试图发表他的研究成果，但因为他无法以令人满意的方式向期刊的编辑解释他的实验，导致被拒。苏联生物化学家西蒙·埃尔维奇·舒诺尔鼓励贝洛索夫继续努力。1959年，贝洛索夫终于在一个不太受认可的非审查期刊上发表了他的研究成果。

贝洛索夫的研究成果发表之后，舒诺尔于1961年将贝洛索夫的研究项目交给了研究生阿那托·扎鲍廷斯基，扎鲍廷斯基详细研究了这个项目。然而，他们的工作成果并未被广泛传播，直到1968年在布拉格的一次会议上，西方国家才得知这些研究结果。

一项特别引人入胜的研究来自英国西英格兰大学的计算机科学家安德鲁·阿达马茨基，他利用BZ反应实现了液体逻辑门。哈佛大学的胡安·佩雷斯-梅尔卡德和他的团队也使用BZ反应创建了一个完全的化学图灵机，能够识别Chomsky Type-1语言。

这种振荡反应的螺旋模式在自然界也有出现，例如土壤中的裸鞭毛虫群体的生长模式，尽管时间和空间的尺度差异很大。

如果对这个美丽的化学现象感兴趣，读者可在网上搜索Belousov-Zhabotinsky反应（BZ反应），会看到这个现象的视频。

时空结构的创造是非常引人入胜的，因为它揭示了自组织秩序的独特起源和形成过程。这种自组织秩序并非来自预先设计或外部引导，而是从一种统一且混乱的初始状态中自然产生的。这些特征在物质、能量和信息流动的情况下自发地出现[5,6]。这种从混乱中生长出有序结构的现象是自然界的普遍模式，也是许多科学领域，包括物理学、化学、生物学、神经科学和计算机科学的重要研究对象。

自组织现象的内在机制与智能的产生和发展有着直接的联系。一方面，智能生物的大脑和神经系统是通过复杂的自组织过程发展出来的。从最初的细胞分裂和生长，到神经元的连接和网络的形成，再到记忆、学习和认知功能的产生，都是自组织过程的结果。因此，研究和理解自组织现象，有助于更好地理解智能的起源和本质。另一方面，自组织现象也为人工智能和机器学习提供了启示和模型。通过模仿生物系统中的自组织过程，可以设计和实现更强大、更灵活、适应性更强的人工智能系统。例如，神经网络的设计就借鉴了生物神经系统的自组织特性。通过训练和学习，神经网络可以自动调整自己的结构和参数，以适应不断变化的输入和任务。

时空结构的创造深刻揭示了自然界中的一种原理：从混乱中产生秩序，从简单中产生复杂。这不仅是自然界的基本特性，也是智能的重要来源。因此，深入研究和理解自组织现象，对于推动科学发展，提高认知能力，甚至创造新的技术和工具，都具有重要的价值。

1969 年，在国际理论物理与生物学会议上，伊利亚·普里高津向世界发表了他的重要研究《结构、耗散和生命》。在这篇报告中，他首次正式提出了具有里程碑意义的耗散结构理论 [7]。

普里高津 1917 年 1 月 25 日出生于莫斯科，是一位在物理、化学和理论物理学领域都有深厚造诣的比利时科学家。普里高津在四岁时随家人移居德国，1929 年，他来到比利时并定居下来。二十年后，他成为比利时公民，从此他的科研事业与比利时紧密相连。在比利时，普里高津和他的同事们成立了布鲁塞尔学派，用二十多年的时间在非平衡热力学和非平衡统计物理学领域进行深入研究，取得了一系列重要的科研成果，其中最重要的就是他们提出的耗散结构理论。

在构建耗散结构理论的过程中，普里高津和他的团队对 BZ 反应、贝纳对流、化学振荡反应及其他生物学演化周期等自发出现有序结构现象的本质进行了深入的探索。他们提出了"自组织"的概念，用于描述那些形成有序结构的过程。这个概念不仅帮助人们理解了这些现象的本质，也为研究其他的自发有序结构提供了新的视角。通过这一理论，普里高津在"存在"和"演化"之间构筑了一座科学的桥梁，为理解和解释这两个概念的关系提供了一个全新的框架。

由于这一重大的科学贡献，普里高津于 1977 年荣获诺贝尔化学奖，这是对他在科学领域做出杰出贡献的肯定。他的研究成果不仅在科学领域产生了深远影响，也对人类理解和探索世界的方式产生了重大影响。

普里高津的科学理论强调在非平衡状态下，秩序可能从混乱中自发产生 [8]。他指出，能量和物质的波动在非平衡状态下可能导致出现有序结构，这是一个看似混沌的系统突然形成秩序的现象。这种在耗散结构中产生空间构型和时间节律的现象被普里高津称为"涨落有序"。

普里高津对近代科学有着深入而独特的见解。他认为，以牛顿的经典物理学为代表的近代科学，描绘的是一个静态、绝对和相对静止的世界，这个世界像一座精确运行的钟表，永无发展，永不改变。在这样的世界中，时间参数 t 可以被替换为 $-t$，得到的结果完全相同，这意味着时间是可逆的，过去和未来看起来没有实质性的区别。

然而，普里高津强调，这种理解与现代热力学的基本原理相矛盾。热力学第二定律指出，一个封闭系统的熵只会自发地增加，走向无规则和无序，这揭示时间有方向，世界在不断演化的原理[9]。生物进化论也支持该理论，该理论告诉人们，世界处于不断的发展之中，时间的箭头是不可逆的，始终指向未来。

普里高津的理论不仅挑战了传统的科学，也为人们理解世界提供了新的视角。该理论揭示了即使在混乱和无序的状态下，秩序和有序也可以自发地产生，在物理学中有重要应用，也对生物学、化学，甚至社会科学等领域产生了深远影响。通过他的耗散结构理论，人们可以更深入地理解世界的动态性和复杂性，以及时间在其中的不可逆性。

普里高津的耗散结构理论的物理含义深邃而广阔。该理论首次阐明了一个非线性的开放系统（可以是物理、化学、生物，甚至是社会或经济的系统）在远离平衡态的情况下，如何通过与外界的物质和能量交换形成新的有序状态。耗散结构理论进一步扩展了人们对世界的理解，揭示了在混乱和无序中可能隐藏的有序性。

具体来说，当系统与外界进行持续的物质和能量交换，系统内部某个参量的变化在达到一定的阈值时，就可能发生"涨落"现象。涨落现象可能导致系统发生突变，即发生非平衡相变。在这个过程中，系统从原来的混乱无序状态转变为在时间、空间或功能上的有序状态。

　　这种新形成的有序状态，是在远离平衡的非线性区域中产生的一种稳定的宏观有序结构。这种有序结构是独特的，因为它的存在和维持需要与外界进行不断的物质和能量交换。因此，称这种结构为"耗散结构"。

　　耗散结构出现的根本原因与系统的自我优化和稳定有关。一个可能的解释是，耗散结构的形成类似于物理学中的最小作用量路径原理。在这种情况下，耗散结构为系统提供了一种在混沌中寻求稳定和秩序的方式，使得系统能够以比没有结构（即混乱状态）或采用另一种结构时更高效的速率达到稳定。

　　耗散结构的存在使系统的熵以比没有耗散结构时更快的速度增加 [10]。一般而言，如果忽视一些技术性细节，这可以被理解为系统的熵增加代表着系统正在从一种不稳定的状态转向更稳定的状态。熵的概念将在本书后续部分进行详细解释。从这个角度来看，"耗散结构"更应被称为"促进稳定的结构"，后者可以更加准确地反映其核心特性：通过促进系统的熵增加，推动系统向更稳定的状态转变。

　　在这个过程中，可以看到一种形式的"智能"自然地出现。这并不是说系统本身具有意识或思考的能力，而是指系统在追求稳定和效率的过程中，采取了一种看起来有目的、有策略的行为。也就是说，系统通过自我组织和自我调整，形成了一个复杂但有序的结构，以最有效的方式稳定自身。

　　这种自然出现的"智能"不仅存在于物理系统，也存在于化学反应、生物演化，甚至社会和经济系统中。在这些系统中，可以看到许多复杂的模式和有序结构自发地出现和发展，而这些都是系统在追求稳定和效率过程中的自然结果。

　　因此，普里高津的耗散结构理论不仅为理解混乱中的秩序提供了新的视角，也为理解各种自然和社会现象中的"智能"行为提供了新的理解框架。这一理论揭示了世界的复杂性和动态性，以及在这个过程中隐藏的秩序和"智能"。

4.3 熵增：时间之箭

正如上述讨论中所见，智能显然与"秩序"有密切的关联，因此在系统中对"秩序"或"无序"进行量化测量就显得尤为必要。熵是一种抽象的概念，用于表征"秩序"的程度：熵值越高，"秩序"程度越低。但熵并非神秘难懂，其实它与长度、重量等测量单位一样，只是一种量化工具。用熵衡量无序，目的就是定量地描述事物的混乱程度。

熵的概念于 1865 年由德国物理学家鲁道夫·克劳修斯（Rudolph Clausius）首次提出[11]。作为热力学领域的重要开创者之一，克劳修斯引领了热力学的早期研究，当时的主要研究对象是机械热机。在那个阶段，熵仅被视作一种通过热量变化而测定的物理量，其本质并未得到深入的解释。

随着统计物理学、信息论等科学理论的深入发展，熵的本质得以逐渐解析，被明确为表征一个系统"内在混乱程度"的量。进一步的研究将熵的概念扩展到化学领域，用于研究化合物及化学反应的混乱程度。

如今，熵已被广泛应用于各个学科领域。从其在经典热力学中的首次被认可，到其在化学、物理学、生物系统以及生命科学、宇宙学、经济学、社会学等领域的广泛使用，熵的概念已深入人心[12]。在天气科学与气候变化研究中，熵用于衡量天气系统的混乱程度。在信息系统领域，无论是在手机的数据传输方面，还是在互联网的信息流动方面，熵都发挥着关键的角色，用于测量信息的混乱程度和无序性。

自克劳修斯首次提出熵的概念以来，这个看似简单的量化工具已经演化成为一种具有深刻内涵和广泛应用的科学理论，其影响力不仅遍布科学领域，也深入人类社会和生活。

理解熵概念的一种直观方式是通过一个家常的场景：厨房的整理。想象一下，精心打扫了厨房，将所有物品都整理到各自的位置。然而，随着时间的推移，如果未进行进一步的清理，厨房会逐渐变得凌乱。

主人可能会随手把用过的物品乱放，也可能在忙碌中临时把东西堆在一起，导致原本整洁的厨房变得杂乱无章。

在这个例子中，可以用熵衡量"秩序"的程度。一个整洁的厨房，如图 4-3（a）所示，具有较低的熵，表示系统中的"秩序"程度较高，物品的位置规整有序。而杂乱的厨房，如图 4-3（b）所示，具有较高的熵，表示系统中的"秩序"程度较低，物品的位置混乱无序。

（a）整洁的厨房　　　　　　　　　（b）杂乱的厨房

图 4-3　厨房的例子

扩展来看，这个例子揭示了熵在日常生活中的实际应用和直观含义。人们常常通过清理和整理来降低周围环境的熵，提高系统的"秩序"程度。同时，这也说明了为什么在自然界中，熵通常会自然增加，因为系统趋向于状态的混乱与无序。这就是著名的熵增原理，它在整个科学领域都有重要的意义。

热力学第二定律指出，在一个孤立的系统中，熵总是有增无减。这意味着，孤立系统会自发地向着平衡态，也就是熵最大的状态演化。换句更通俗的话来说，作为一个最终的孤立系统，宇宙的熵只会增加（或至少维持不变），而不会减少。

这个理论意味着所有事物都将自然地向着更高的混乱程度发展，由此衍生出了"时间的箭头"这一概念。因为在大部分情况下观察到的都是熵在不断增加，这也成为区分过去与未来（也就是确定时间的前进方向）的依据。

这个观念被世界著名的物理学家史蒂芬·霍金强调:"无序或熵的增加是区分过去和未来的东西,给时间指明方向[13]。"这是霍金在解释熵和时间关系的过程中提出的观点,他强调的是,熵的增加是时间前进的重要标志。

进一步来说,这一原理不仅适用于物理世界,也在生物、化学、信息学等许多领域有深远影响。例如,在生物学中,生物体内的代谢过程可以被看作是在消耗能量以维持低熵的有序状态;在信息学中,熵的概念用于衡量信息的无序程度,为理解和设计复杂的信息系统提供了工具。因此,热力学第二定律和熵的概念在整个科学领域都具有广泛的意义和应用。

在您阅读这本书的同时,熵增现象就在您周围悄悄地发生着。例如,想象一下您正在品尝的热茶,其中的热量正在不断扩散至周围环境中,这就是熵增的直观表现。再如,您体内的细胞正在不断经历生死轮回,其中一些已经开始死亡和退化,这个过程中的混乱与无序程度的增加也是熵增的体现。

看看脚下的地板,随着时间的推移,尽管进行了清理,但它还是会逐渐变脏,因为各种微小的尘埃和杂质不断积聚。再看看周围的同事,尽管他们在尽力工作,但错误和问题还是会不断出现,工作的复杂性和不可预测性本质上也是熵的一种形式。

从更广泛的角度来看,犯罪事件的发生和社会的不稳定都可以从熵增的角度理解——它们代表了社会的混乱和无序。再比如,人们接收到的信息来源多样,内容繁杂,随着互联网和社交媒体的发展,人们面临着信息过载的问题,这种信息爆炸带来的复杂性和混乱也是熵增的体现。

所以,熵并非只存在于学术理论中,它就在日常生活中,从工作环境到社会的运行,我们无一不在其影响之中。理解熵和熵增原理,就是理解混乱与无序是如何渗透到生活中的每个角落的,也能帮助我们更好地理解和应对生活中的复杂性和不确定性。

熵在本质上是一个概率概念,涉及系统的各种可能状态。一个系统,无论是人体中的细胞群、房间中的各种物品,还是咖啡杯中的分子，都是由许多组件组成的。对于系统中的每一种可能的有序状态，都存在着更多的无序状态。

可以借用数学上的排列组合知识解释这个概念。例如，假设图 4-3 中的厨房有 20 件物品，而有 50 个放置这些物品的位置。在这种情况下，物品的放置可能性为所有可能的位置（50 个）中选取物品数量（20 个）的组合数。通过排列组合，可以计算出总的放置可能性为

$$C_{50}^{20} = \frac{50!}{20! \, 30!} \approx 4.71 \times 10^{13}$$

如果"有序"被定义为图中每件物品对应于唯一的放置位置，其余放置可能性都统称为"无序"，那么"有序"在所有放置可能性中的占比，即"有序"出现的概率，是非常小的，"有序"几乎为不可能事件；相比之下，"无序"几乎为必然事件，所以"有序"很容易变为"无序"，即

$$\text{"有序"的概率} = \frac{1}{4.71 \times 10^{13}} \approx 0$$

熵的大小直接反映一个状态发生的可能性，熵值越大，意味着这个状态的发生可能性越大。这一特性在整个宇宙中得到了广泛应用，宇宙以自发的方式向可能性更大的方向演化，也就是向熵更大的方向发展。

因此，可以用一个更直观的方式重新阐述熵增定律：一个孤立系统的状态总是会演变成一个更有可能出现，或者说更稳定的状态。这个"更有可能"的状态就是指熵更大、更"无序"的状态。

从更深的层次理解，这个过程反映了自然界的基本规律，即系统总是倾向于达到概率最大，也就是最稳定的状态。这在许多领域都有显著的应用，例如在化学反应中，反应总是倾向于生成稳定性更高（熵更大）的产品；在热力学中，热量总是从高温处传递到低温处，使得系统达到热平衡（熵最大）；在信息论中，传输的信息总是趋向于不确定性最大（熵最大）。

这个理论不仅有助于理解自然界的基本规律，也为处理各种复杂的问题提供了一种重要的工具，有助于我们理解和预测系统的行为和

发展趋势。

如果用这种方式理解热力学第二定律，它就变得直观且显而易见。在这里，假设状态的相对概率取决于可以从其基本组件构造它的方法数量。例如，将一种气体的分子集中到房间的一角，实现这种状态的方法只有一种，即所有的气体分子都必须处于限定的位置。但如果允许气体分子在房间内均匀分布，那么实现这种状态的方法就有无数种，因为每个气体分子都可以处于房间的任何位置。因此，相比于集中在一角，气体分子在房间内均匀分布的状态发生的可能性更大。这意味着随着时间的推移，聚集在一起的气体分子很可能会自然演变成在房间内均匀分布的状态，因为这是一个更有可能、更稳定的状态。这就是熵增加的过程，也是热力学第二定律的具体体现。

通过这种方式理解熵和熵增原理，可以看到，无论在微观的分子层面，还是在宏观的现象层面，熵都在起着关键的作用。

近年来，为了使熵的概念在化学和物理学领域更易于理解，人们已经从"有序"和"无序"的描述转向了"传播"和"散发"等词汇。在这些领域，熵常用于衡量在一个过程中能量被分散的程度或其散布范围的广度。

从概率的角度考察，能量以分散的方式存在的可能性比集中在一点的可能性要大得多。因此，能量倾向于被分散。这一点可以用日常生活中常见的例子解释。比如，如果把一杯热水放在室温下，热水的热量会慢慢散发到周围的环境中，使得热水的温度慢慢下降，而周围环境的温度慢慢升高，直到热水和环境达到同一温度，这就是能量分散的过程。

从"梯度"的视角出发，可以理解非平衡系统中存在的某些差异，这些差异可以涉及能量、温度、质量、信息等多个维度。由于这些梯度的存在，系统处于不稳定的状态，它会倾向于自然地消除这些梯度，以达到更稳定的状态。

以一杯热咖啡为例，它和周围的环境存在显著的温度梯度，即咖啡的温度明显高于周围环境的温度。然而，热力学规律表明，咖啡的热量会自然地散布到周围环境中，直到咖啡的温度和周围环境的温度达到一致，也就是达到热力学平衡状态。在这个过程中，温度梯度被消除，系统的总熵增加，从而达到更稳定的状态。

此外，这个过程是不可逆的。也就是说，一旦咖啡冷却下来，它不会自动变热，除非有新的能量输入。这是因为自然过程总是倾向于将系统从低熵状态（如热咖啡和冷环境）推向高熵状态（如温度均衡的咖啡和环境）。这是熵的基本特性，也是热力学第二定律的核心内容。

这种从梯度角度理解熵和熵增原理的方式，有助于我们更深入地理解自然界的许多现象，包括热量传导、扩散、化学反应等。

4.4　最大熵产生

自 19 世纪中叶以来，热力学第二定律已经被科学界广泛接受。在孤立系统中，熵的增量总是大于或等于零。换句话说，无论何时，孤立系统的熵都不会减小，它要么保持不变，要么增大，从而体现了自然界向更大熵值，即更大混乱度转变的基本趋势。

近期的大量理论研究与实际应用表明，熵的产生过程应当是一个最大化的过程。这一原则被称为最大熵产生原理（Maximum Entropy Production Principle，MEPP）[14]。MEPP 开启了一种全新的理解方式，它表明熵的产生不仅是正向的，而且还会自发地趋于最大值。

热力学第二定律不仅可以确定系统的演化方向，还能获取关于系统运动速率的信息。这就意味着，在一个封闭的系统中，不仅熵总是在增加，而且这个增加的过程是最快的。这个过程可以通过一些自然现象理解，比如扩散，热量在没有外力干预的情况下会尽可能快地从高温区域传递到低温区域。

MEPP 的提出为理解各种自然现象提供了新的视角，尤其是那些涉及复杂系统的演化过程，如生态系统的演化、能量流动和转化，以及气候变化等。在未来的研究中，MEPP 可能会带来更深层次的理论突破，为人们提供更全面地理解世界的工具。与第 3 章描述的最小作用量原则类似，MEPP 展示了另一个大自然采用最简单和最容易的路径的例子。宇宙的发展是为了尽快达到最终状态，而有序系统的出现可使这一过程更有效率地实现。同样，智能在这个过程中自然出现。

最大熵产生原理在各种不同的观测尺度（微观到宏观）和来源（物理、化学或生物）的系统研究中得到了验证，包括大气环境、海洋现象、晶体生长、电荷转移、辐射传播，以及生物演化等多个领域。

相似的原理在理论生物学领域早已存在。早在 1922 年，生物学家阿弗雷德·洛特卡（Alfred J. Lotka）就提出，生物的进化方向是使得系统的总能量通量在约束条件下达到最大值[15]。换言之，最有效地利用部分可用能量流进行生长和生存的物种，将最可能增加其种群数量。因此，通过系统的能量流将会随着生物种群的增长而增加。这种观点在很大程度上与 MEPP 的核心理念相符，即系统总是倾向于使其产生的熵达到最大值。

洛特卡的理论为理解生态系统中的能量流动和生物进化提供了重要的视角。同时，MEPP 的广泛应用也为我们深入探索并理解各种自然和人工系统的行为提供了有效的工具，包括如何利用和管理能源，如何理解和预测气候变化，甚至如何理解生命本身的进化和复杂性。

参考文献

[1] ANON. History of alchemy [J]. Nature, 1937, 140: 188-189.

[2] GUHARAY D M. A brief history of the periodic table [EB/OL]. (2021-02-07) [2023-04-30]. https://www.asbmb.org/asbmb-today/science/020721/a-brief-history-of-the-periodic-table.

[3] BELOUSOV B P. Периодически действующая реакция и ее

механизм [J]. Сборник Рефератов По Радиационной Медицине, 1959, 145-147.

[4] WINFREE A T. The prehistory of the Belousov-Zhabotinsky oscillator [J]. Journal of Chemical Education, 1984, 61 (8): 661-663.

[5] CAMAZINE S. Self-organization in biological systems [M]. Princeton: Princeton University Press, 2003.

[6] FELTZ B. Self-organization and emergence in life sciences [M]. Heidelberg: Springer Netherlands, 2006.

[7] PRIGOGINE I. Structure, dissipation and life [M]. Theoretical Physics and Biology. Amsterdam: North-Holland Publ. Company, 1967.

[8] PRIGOGINE I. Time, structure and fluctuations [J]. Science, 1978, 201(4358): 777-785.

[9] 王竹溪. 热力学 [M]. 北京：北京大学出版社，2005.

[10] DEMIREL Y, GERBAUD V. Nonequilibrium thermodynamics [M]. 4th ed. Amsterdam: Elsevier, 2019.

[11] BRUSH S G. The kind of motion we call heat: A history of the kinetic theory of gases in the 19th century [M]. Amsterdam: Elsevier, 1976.

[12] WEHRL A. General properties of entropy [J]. Reviews of Modern Physics, 1978, 50(2): 221-260.

[13] HAWKING S. A brief history of time [M]. New York: Bantam Dell Publishing Group, 1988.

[14] MARTYUSHEV L M, SELEZNEV V D. Maximum entropy production principle in physics, chemistry and biology [J]. Physics Reports, 2006, 426(1): 1-45.

[15] LOTKA A J. Contribution to the energetics of evolution [C]. Proceedings of the National Academy of Sciences of the United States of America, 1922, 8(6): 147-151.

第 5 章

CHAPTER 5

生物学中的智能

生物学是对复杂事物的研究，这些事物看起来像是为某种目的而设计的。

——理查德·道金斯（Richard Dawkins）

一个物种的智能取决于它们在做生存所需的事情时的效率。

——查尔斯·达尔文（Charles Darwin）

地球至今仍然是宇宙中人类所知的唯一一个孕育生命的星球。地球上生命的萌芽最早可以追溯到 37.7 亿年前，而一些人甚至认为，这个时间可能在 44.1 亿年前——距 45 亿年前海洋形成后不久，以及 45.4 亿年前地球形成后不久。

作为一门科学，生物学深入探索所有生物——包括微生物、植物和动物——的结构、功能，以及它们的起源和发展规律。据估计，地球上现存的生物种类数量在 200 万～450 万种。而那些已经消失的生物种类则更多，估计至少有 1500 万种。生命的多样性和适应力令人惊叹，从深海的黑暗深渊到高耸入云的山峰，从北极的冰封之地到南极的极寒之地，从热带的酷热沙漠到寒带的冷酷冰原，生物的踪迹无处不在。生命以其变化无穷的生活方式和多样化的形态结构，绽放着它的生命力。

本章首先对"生命的本质是什么"这个基本问题进行简单探讨，然后介绍一些对"为何存在生命"这个问题的各类研究，最后深入探讨微生物、植物和动物的智能现象。我们可以看到：在生物层面上推动宇宙向稳定状态演进的过程中，生物的智能应运而生。

5.1　生命是什么

如第 4 章所述，在一个受热力学第二定律主导的世界，所有孤立的系统都倾向于接近最大的无序状态。然而，地球上的生命却以一种奇特的方式保持着极高的有序性。

生命从最原始的无细胞结构生物，逐渐进化为有细胞结构的原核生物，再从原核生物进化为真核单细胞生物。在此基础上，不同的生命按照不同的方向发展，出现了真菌界、植物界和动物界。在植物界，生命从藻类开始，逐渐到裸蕨植物，再到蕨类植物、裸子植物，最终出现了被子植物。

在动物界，生命从最初的鞭毛虫开始，发展到多细胞动物、脊索动物，最后演化出脊椎动物。脊椎动物中的鱼类演化出两栖类，再进化为爬行类，从爬行类这个大家族中又分化出哺乳类和鸟类。哺乳类中的一支进一步发展为高等智慧生物，这就是人。

观察生命的历程，可以看到，生物从单细胞进化到多细胞，从低等走向高等，从简单到复杂，从水生到陆生，这一连串的进化过程体现了一种从混乱走向有序，从低级演进到高级的趋势。然而，这种现象似乎与热力学第二定律——所有孤立系统都将趋向于最大混乱状态的规律——存在矛盾，这给人们留下了一个看似难以解决的悖论。

实际上，这并不是一个真正的悖论。尽管在封闭系统中，熵必须随时间逐渐增加，但在开放系统中，系统内部的低熵状态可以通过使其周围环境的熵增加来维持。生物圈就是这样一个开放的系统。

1944 年，著名物理学家埃尔温·薛定谔（Erwin Schrödinger）在他的经典著作《生命是什么？》中深入探讨了这一现象。他指出，从病毒到人类，所有生物都必须通过这种方式维持其生存。

薛定谔在书中从三个角度进行了论述：首先，他从信息学的角度提出了遗传密码的概念，并把大分子（即非周期性晶体）作为遗传物质（基因）的模型；其次，他从量子力学的角度论证了基因的持久性和遗传模式的长期稳定性的可能性；最后，他提出了生命"以负熵为生"的观念，指出生命从环境中提取"序"，以维持自身系统的有序，这是生命的热力学基础。

简单地说，生物系统吸收环境中的能量，并将其转换为生物活动和结构的有序性。这种流动不仅维持了生物的有序状态，而且推动了生物的进化，使得生命能从简单到复杂、从低等到高等进化。在这个过程中，虽然生物体内部的有序程度增加了，但是环境的无序程度（熵）也相应增加了，这一点并不违背热力学第二定律。而且，只有在开放系统中，生命才可能以这种方式维持其有序性并进行进化。

实际上，有机体内部有序度的增加大大超过了由于热量散失到外部环境导致的生物体外部混乱程度的增加。通过这一机制，生命在遵循热力学第二定律的同时，保持其高度有序的状态。

例如，植物通过吸收阳光，并利用阳光的能量制造糖分，同时释放出红外光——一种较低集中度的能量。在这个过程中，宇宙的总熵增加了。然而，由于太阳能的消散，通过植物这个中介，系统变得比没有植物介入的系统更为稳定。

这样看来，即使是高度有序的结构，如植物，也不会因熵增定律的存在而直接凋零或腐烂。相反，植物不仅在维持生命的过程中吸取能量，同时也将部分热能转化为低质量的能量释放出去，从而维护了生命系统的有序性及整个系统的稳定性，植物的智能在这个稳

定的过程中得以显现。这是生命演化的独特之处，也是生命的伟大
之处。

5.2 生命为什么存在

　　一个深邃而古老的问题一直困扰着人们：宇宙中生命的出现，是
偶发事件，还是必然的、不可避免的？换言之，生命是偶然产生，还
是自然现象中可以预期、不可避免的产物呢？关于这一问题的争论已
经延续了数百年，至今仍无定论。然而，至少有一个事实是：在构成
生命的化学元素中，并无特殊的元素。

　　无论是美丽的鲜花、神奇的人参、勤劳的蚂蚁，还是庞大的大象，
抑或是普通人，甚至是天才爱因斯坦，构成生命的基本化学元素都是
碳、氢、氧、氮。当然，构成生命还需要少量的其他元素，例如磷、硫、
钙和铁。

　　事实上，这些元素广泛存在于宇宙中，包括恒星、星际云和行星，
并非生命独有。这为生命的起源提供了可能性，也引发了思考：如果
宇宙中其他地方的化学环境也足够稳定，有充足的能量输入和有机物
质，那么那些地方生命的起源和存在是否也成为一种必然？

　　有些科学家持有这样一种观点：如果能将地球回溯到最初的状态，
并重新启动地球生命的演化过程，那么地球可能会诞生出一些全新的、
与现有物种完全不同的生命形式。支持这种观点的人认为，生命的演
化受到随机事件和随机变化的影响，即便是初始条件的微小改变，都
可能导致全然不同的演化结果。这就是所谓的"混沌效应"。

　　然而，这种观点也存在反对者。他们认为，生命的演化在很大程
度上是由地球环境的自然进展引导的。虽然生命演化的具体路径可能
因环境变化而稍有差异，但基本的演化规律和方向应该是相似的，这
基于生命体本身的生存需求和对环境的适应性。

　　这种观点基于生物学的基本原则。例如，自然选择的机制在生物

演化过程中发挥着重要的作用，可能使物种的一些优点得以保存并传递下去。同时，生物体必须适应环境才能生存，这会限制生命演化的可能路径。

这个问题引发了一个更大的科学问题，那就是明确生命演化的确定性及生命演化结果的可预测性。在这个问题上，科学家的观点仍在不断发展和深化。不管怎样，这个话题揭示了生命演化的奥秘，也让人们对自然界的复杂性和多样性有了更深的理解。

5.2.1　化学进化学说

有一派观点认为，地球上生命的诞生是一次极其偶然的事件，源于一束闪电及巨大的气在原始混沌的"原始汤"中引发的一次看似不可能的分子碰撞。生命起源于原始地球条件下一系列从无机到有机、从简单到复杂的化学进化过程。

这种观点基于达尔文的生物进化理论，该理论认为在自然界中，生命的适应方式是唯一的，生命的复杂性和多样性可以通过随机的基因突变和自然选择来解释。因为适应性变化依赖于基因，所以该理论认为生命的出现一定是一种偶然的结果，而不是预定的演化过程。

生物分子（如蛋白质和核酸）构成了生命的物质基础。明确生物分子的起源对于理解生命的起源至关重要。根据这个观点，在没有生命存在的原始地球上，非生物物质在自然条件下发生化学反应，产生了有机物和生物分子。因此，探讨生命的起源，首先要解决的是原始有机物的起源问题及这些有机物的早期演化过程。

在这个化学演化过程中，首先形成了一种化学物质，随后这些化学物质构成了通用的"结构单元"，如氨基酸、糖等，而生物分子（如蛋白质和核酸）就是由这些"结构单元"组合而成的。

这种观点的核心是，生命的起源不仅是一次偶然的事件，更是一种自然现象，它发生在地球的特定环境下，经历了长期的化学和物理演变过程。生命的起源和演化与地球的环境和自然选择密切相关，是自然和偶然因素共同作用的结果。这个理论为理解生命的起源提供了新的视角，也为探索生命的起源和演化提供了更深的理解。

1922 年，生物化学家亚历山大·伊万诺维奇·奥巴林（Alexander Ivanovich Oparin）第一次提出了化学进化学说[2]。他设想，在原始地球的条件下，在太阳辐射和闪电等能量源驱动下，一些无机物质转换成了最早的有机分子。他进一步假设，在被称为"原始汤"的环境中，大型分子如多肽、多核苷酸和蛋白质可能会聚合成为复杂的结构。

这些浸在盐类和有机物中的聚合体与外界环境进行持续的能量和物质交换，通过类似于"自然选择"的过程，其代谢和催化设备逐渐优化和完善。同时，核苷酸和多肽之间的密码关系也逐步建立和固定。最终，经过这种量变积累的过程，实现了质的飞跃，生命最初的形态得以诞生。

奥巴林的理论为生命起源提供了一种可能的化学和物理途径，即从无生命的原始地球环境中产生复杂的生物分子。他的观点强调生命起源过程中自然选择的重要作用，即使在生物体尚未形成之前，自然选择也可能在分子层面上起到关键作用。这种理论不仅提供了一种可行的生命起源模型，而且启示人们生命可能是自然和宇宙法则的必然产物。

在 1953 年，美国学者斯坦利·劳埃德·米勒（Stanley Lloyd Miller）实施了一次具有里程碑意义的实验，首次验证了奥巴林的化学进化理论[3]。在这次著名的"米勒实验"中，他成功模拟了原始地球上的大气环境，该环境包含氢、甲烷、氨和水蒸气等元素。通过引入火花放电和加热作为能量来源，米勒成功合成了氨基酸，这是构成生命的基本有机分子。

米勒的实验以后，许多科学家利用类似的方法模拟原始地球大气条件进行实验，合成了其他对生命至关重要的生物分子，包括核苷酸、核糖、脱氧核糖、嘧啶和腺嘌呤等，它们都是组成生命分子［如脱氧核糖核酸（DNA）和核糖核酸（RNA）］的关键成分。此外，科学家们还合成了脂肪酸、甘油和脂质等，这些都是构成生命的细胞膜和能量储存的关键物质。

该实验极大地强化了生命可能从无生命的原始地球环境自然发展

出来的观点。许多人支持生命起源的化学进化理论，即生命起源于简单的有机化合物，有机化合物逐渐复杂化，最后形成了具有自我复制和代谢功能的生命体系。

1965年和1981年，我国在全球范围内首次实现了胰岛素和酵母丙氨酸转移核糖核酸的人工合成[4]。这两个重要的科学研究成果突破不仅证明了我国的科研实力，而且为人类对生命科学的理解开创了新的篇章。特别是，使人们对蛋白质和核酸的形成有了更深的理解，因为蛋白质是由无生命到有生命转折的关键元素。

生命形成的化学进化过程涉及四个阶段。

第一个阶段，无机小分子通过某种方式变成有机小分子。在这个过程中，由简单无机物质（如水、二氧化碳、氨等）在特定的环境条件下形成氨基酸、核苷酸等更复杂的有机小分子。

第二个阶段，有机小分子形成有机大分子。氨基酸可以连接成长链，形成蛋白质，而核苷酸可以组合形成DNA和RNA。蛋白质、核酸等大分子是生命的基本构造模块。

第三个阶段，有机大分子组成能自我维持稳定和发展的多分子体系。这是一个复杂的过程，包括许多生物化学反应和物理过程，如膜形成、自催化反应等，进一步推动了生命的起源。

第四个阶段，多分子体系进化为初级生命形态。这个阶段的具体过程仍然是科学界的一个重要研究课题，但基本上可以认为是通过自然选择和进化驱动的。

从无生命到有生命是一个漫长且复杂的过程，涉及多个阶段和大量的化学反应。我国科学家成功人工合成胰岛素和酵母丙氨酸转移核糖核酸，对促进人们理解这一过程具有重要贡献。

化学进化学说在阐释生命起源的过程中存在一个令人费解的问题：在生命起源前的原始地球环境中，自然界是如何将生物小分子（如氨基酸、核苷酸）转化成生物大分子（如蛋白质、核酸）的。《生命起源的奥秘：再评目前各家理论》（*The Mystery of Life's Origin: Reassessing Current Theories*）一书中作者就深刻地指出："虽然我们在合成氨基酸方面的技术已经相当成熟，但尝试合成蛋白质和DNA

却一直未能成功,两者形成了鲜明的对比。"

在现代科技条件下,已经可以在实验室中非常高效地通过机器合成需要的生物大分子。然而,这种合成过程往往需要精确控制的环境和条件,以及极高精度的设备和技术,这些条件在地球早期的自然环境中是不存在的。因此,尽管可以在实验室中制造出生物大分子,但是至今仍未能在模拟生命起源前的环境中成功复现这一过程[5]。

这个问题揭示了化学进化理论的一个重要局限性:以目前的认知和技术,还不能完全解释和复现生命从无机物质到自然生成的过程。这是因为生命的起源涉及复杂的多阶段过程,每个阶段都有在特定的条件下才能进行的不同的化学反应和物理过程,这些条件在地球早期的自然环境中很可能无法同时满足。

尽管如此,对这个问题的研究仍在继续,科学家仍在不断努力,以便更好地理解和模拟生命的起源过程,从而进一步揭示生命的奥秘。

5.2.2　生命的产生不可避免学说

与化学进化学说相反的是"生命的产生不可避免学说",该学说推测存在某些因素对原子和分子的随机运动施加限制,因此,在条件允许的情况下,生命的产生不可避免。生物系统之所以能够出现和存在,是因为它们能够更有效地传播和耗散能量,从而提升宇宙的熵值,进一步稳定宇宙的状态。这个过程与第 4 章所描述的化学现象——秩序从混沌中产生——具有惊人的相似性。

在这种观点中,生命并非偶然的产物,而是自然选择和宇宙规律必然导向的结果。在适宜的条件下,生命的形成和发展被视为一种普遍现象,它们以更高的效率传递和耗散能量,从而推动宇宙向更高熵值、更稳定的状态演化。这种观点在一定程度上挑战了人们对生命起源的传统理解,为探索生命的本质和起源提供了全新的视角。

1995 年,诺贝尔奖得主生物学家克里斯汀·德·迪夫(Christian René de Duve)在他的著作《生命尘埃:地球生命起源和进化》(*Vital Dust : The Origin and Evolution of Life on Earth*)中,提出了一种全新

的观点。这部作品深入探讨了地球上生命的全貌，从第一个生物分子的形成，到人类思想的出现，再到人类可能的未来，都进行了广泛而深入的讨论。

在这部作品中，德·迪夫反驳了生命起源纯粹基于一系列偶然事件的观点。他没有引入上帝或目的导向性理论，也没有引入活力论（将生物看作由生命精神所激发的物质）。相反地，他出色地综合了生物化学、古生物学、进化生物学、遗传学和生态学等学科，构建了一个有意义的宇宙，其中生命和思想都是由于当时的条件而不可避免地和确定地出现[6]。

从约 38 亿年前单细胞生物（类似于现代的细菌）出现至今，对于地球上的所有生命形式，德·迪夫描绘了七个连续的时期，每个时期的生命形式都有其特定的复杂性。他预测人类可能会演化为一个"人类蜂巢"或行星级的超有机体，这个社会结构中的个体愿意为了整体利益而放弃部分个人自由。另外，如果智人消失，他设想人类可能会被另一种智能生物取代。

这本书出版后，圣达菲研究所和麻省理工学院等机构的生命起源研究者都认为德·迪夫的观点值得人们接受和深思。这部作品不仅拓宽了人们对生命起源和演化的认知，也为人们理解生命在宇宙中的意义和角色提供了全新的视角。

2016 年，埃里克·史密斯（Eric Smith）和阿罗德·莫罗维茨（Harold J. Morowitz）在他们的著作中提出了一种新的理论，该理论指出地球上生命的初次出现可能是由于无生命物质受到地球地热活动产生的能量流动的驱动。这种能量流动与火山活动或地球核心所发生的能量释放极其相似[7]。

他们认为，生命的形成是自由能积累的必然结果，最有可能发生在海洋的热液喷口等地热活动频繁的区域。生命可以被视作一种能量失衡的调节机制，它通过更有效地耗散能量，形成了一种类似水流自然向下的渠道。

随着时间的推移，这种由能量流动创造的路径，就像水从山坡上流下形成的渠道一样，逐渐被强化和扩大。这是因为，生物体系可以更有效地耗散能量，缓解能量的失衡，增加宇宙的熵值，从而使宇宙趋于更稳定的状态。

这种观点把生命的形成和演化过程与自然界中能量的流动和分散过程联系起来，从而揭示了生命的本质可能是一个能量优化的过程。这种观点也进一步强调了生命与其环境之间的密切关系，即生命的形成和演化是受其所处环境的能量条件驱动的。

生命的自组织过程涉及一系列的"相变"，而不仅是简单的单步过程。相变可以理解为系统内部结构和排列的全局性变化。类似于水从液态变为固态或气态的过程，相变过程中系统的内部结构和物理性质发生了根本性的变化。就像水分子在冷却过程中通过相变排列成晶格结构一样，经历一系列相变后，生命体系也形成了更复杂的结构和排列。人类认知革命的发生也可以被看作相变过程，通过这个过程，智人（人类的祖先）开始与其他动物产生显著的区别。

那些能更有效地释放自由能，增加宇宙的熵值，从而使宇宙更加稳定的生命结构，在自组织过程中可能会被优先形成和保留。这就像在自然选择的过程中，那些更适应环境、更能有效利用资源的物种会被优先选择和保留一样。

这种观点强调了生命的形成和演化不仅是一个自组织的过程，也是一个优化和选择的过程。这个过程可能受到能量条件的驱动，最终使生命体系形成更稳定、更有效的能量释放和传播方式。

麻省理工学院教授杰里米·英格兰（Jeremy England）领导的科研团队秉承了"生命的产生不可避免学说"的理念，揭示了一种名为"耗散适应"的基础进化过程。他们的工作灵感源于普里高津的开创性研究，这为他们的探索提供了坚实的基础。在论文[8,9]中，他们不仅论述了该学说，更用严谨的科学实验证明了其正确性。

在这项研究中，他们详细描述了一个简单的无生命分子系统——这种分子系统与生命出现之前地球上的情况非常相似——如何整合成一个统一的结构。这个整合的结构在受到外部冲击的情况下，竟然开始表现得像一个生命体一样，这个整合过程需要持续的能量流动。

这一切源于一个基本原理：系统必须耗散所有能量，以缓解内在的能量不平衡状态。能通过化学反应代谢能量以发挥其功能的生物系统，恰好提供了一种高效的手段实现这种能量耗散。而这种能量耗散机制不仅在生物体内部可见，其基础原则甚至可以适用于更广阔的范围。

英格兰教授及其团队通过模拟试验，生动而直观地描述了这样一个过程：当能量流过物质时，一个复杂的系统是如何从简单的分子逐渐形成的。这种现象与水流在排水槽中形成漩涡的过程有着异曲同工之妙。就像水流在漩涡中的旋转帮助缓解水流的动能，生命体通过能量代谢过程将输入的能量转化为其他形式，从而达到能量平衡。

模拟试验的结果仿佛将微观世界的演化过程放大，让人们看到了生命在能量流动中诞生，它就像是一种不可避免的自然现象。当流动的能量遇到特定条件的物质时，就像水流遇到了排水槽，会形成一种新的有序状态，这就是生命。因此，生命的形成可能并不是偶然，而是在特定的条件下自然而然发生的现象。这为理解生命的起源和本质，以及生命可能存在的其他形式提供了全新的视角。

这个新的结构不仅呈现出一种统一的组织形式，而且能够在受到外界影响时做出反应，就像生命体一样对环境变化做出反应。这种模型证实了能量流动对形成这种新结构的必要性。整个过程表明，即使在无生命的分子系统中，只要条件适宜，生命的特性也有可能出现，这进一步支持了"生命的产生不可避免学说"。

英格兰教授及其团队的这项工作，无疑以新的视角开拓了生命科学的新领域。

虽然英格兰教授及其团队的研究主要通过模拟的方式进行，但在实际的物理实验中，其他科学家也观察到了相同的现象，这进一步证明了他们的理论。在 2013 年，来自日本科学家的一组实验展示了，只要将光（作为一种能量流）照射在一组银纳米粒子上，这些微小的粒子就会自动组装成更有序的结构，从而能够更有效地从光中耗散能量 [10]。这项实验结果强调，当能量流过物质时，物质可能自我组织以形成更有序的结构，这与生命的基本特性相吻合。

而在2015年，另一个实验证明，类似的现象不仅存在于微观世界，在宏观世界中也同样能观察到[11]。在该实验中，当导电珠被置于油中并受到来自电极的电压冲击时，这些导电珠形成了一种复杂的集体结构，并表现出一种"蠕虫状运动"。只要有能量通过系统，这种运动就会持续存在。实验的作者指出，这个系统"展现出了许多类似于在生物体中观察到的特性"。

这些实验表明，只要条件适宜，能量持续流动，即使对于无生命的系统，也可以自我组织，并展现出与生命相关联的属性。无论是银纳米粒子，还是导电珠，只要有能量的供应，它们就可以形成更复杂、更有序的结构。这种自组织的能力是生命的核心特征之一。因此，这些研究结果不仅验证了英格兰教授及其团队的理论，也为人们理解生命的本质及生命存在的可能形式提供了新的视角。

这种自我组织的趋势不仅存在于生物结构中（维持生命体内部的有序性），也普遍存在于许多无生命的自然现象中（为其内在的有序性提供了解释）。无论是精致的雪花、壮丽的沙丘，还是旋转的湍流漩涡，这些似乎没有生命的自然结构却都展现出一种令人惊奇的内部秩序。

这些自然结构的共通之处在于，它们都是由某种能量耗散过程驱动的多粒子系统所产生的独特且引人注目的图案结构。雪花的形成是由气候和温度的变化驱动的，沙丘的形成是由风力不断侵蚀和堆积作用驱动的，湍流漩涡的形成则是由流体的动能耗散驱动的。这些看似毫无生命的物质，实际上都通过吸收、消耗能量，形成了一种稳定、有序的结构。这与生命体中能量流动和秩序形成的过程有着异曲同工之处。

总体来说，生命体和这些自然现象都表现出了一种类似的趋势，那就是在能量的驱动下，无序的系统可能自我组织，形成有序的结构。这种趋势进一步揭示了生命和自然现象的内在联系。

5.2.3 自我复制

自我复制（或自我繁殖）是生命的重要标志之一，这一特性驱动着生命的繁衍和进化。这个特性同样可以用"生命的产生不可避免学说"解释，并成为这个学说的核心思想。

在物质世界中，一个有效的随着时间的推移消耗更多能量的方式，就是复制自身。当一个生命体可以复制自身时，这个过程不仅会消耗能量，而且会生成更多可以进一步消耗能量的副本。这就是生命如何利用自我复制持续消耗能量，进而维持生命过程的关键机制。

这种自我复制的特性，本质上是生物在能量消耗和生存之间找到的一种有效平衡。通过不断复制自身，生物不仅可以维持自己的生命过程，还可以适应环境变化，传递基因信息，推动生命的进化。这一机制与"生命的产生不可避免学说"的核心思想紧密相连，即生命是能量耗散和自我组织过程中的自然现象。

科学家已经在非生物系统中观察到自我复制的现象。加州大学伯克利分校的菲利普·马库斯（Philip Marcus）教授和他的团队在《物理评论快报》上发表的研究中，揭示了湍流流体中涡旋的自我复制现象。这些涡旋从周围流体的剪切力中吸取能量，并通过这种方式实现自我复制[12]。

同时，哈佛大学的迈克尔·布伦纳（Michael Brenner）教授及其合作者提出并模拟了一种自我复制的微观结构理论模型[13]。他们研究发现，特殊涂层的微球簇可以将周围的球体聚集并组合成与自己相似的结构，从而有效地耗散能量。

这些研究成果揭示了生物和非生物系统之间的共通性：它们都能展现出内在的秩序，并具有自我复制的能力。这突破了以往对生命和非生命的二元认知，让人们认识到生命和非生命之间的界限可能并没有想象中的那么明显。生物和非生物都是宇宙中的组成部分，都是这个宇宙不断发展、演化过程中的产物。无论是生物还是非生物，它们的根本功能都是为了稳定宇宙，实现宇宙的有序性。

因此，从宏观的角度看，所有生物和非生物，包括它们的内在秩序和自我复制的能力，都是宇宙生命的一部分，共同构成了我们所处的世界。这种全新的视角，不仅拓宽了人们对生命的理解，也为未来对生命和非生命的研究提供了新的思考方向。

5.2.4　分形几何结构

为了有效地稳定宇宙，智能自然会产生。在所有生物系统中，分形几何结构无疑是最让人惊叹的结构之一。在自然界和生物系统中，都可以观察到充满自相似性的分形几何结构，它们在理想的情况下，甚至能呈现出无限的层次。

分形几何结构的独特之处在于，无论如何放大或缩小物体的几何尺度，观察到的物体的整个层次结构都保持不变。它们像是一种永恒不变的自然语言，无论从何种尺度上观察，都能看到其重复出现的模式。这种特性在许多复杂的物理、化学和生物现象中都有所体现，这些现象背后的秘密往往都与这种分形几何结构的分形几何学有关。

分形几何结构在自然和生物系统中频繁出现，并非偶然。事实上，它们正是因为高效率而被大自然所选择的。毛细血管网络、肺泡结构、大脑表面、穗状花序、树叶的分支模式，都是分形几何结构的优美展现。这些结构为所在的生物系统提供了最大的效率，确保了能量和资源的最优分配。

分形几何结构是一种在复杂性中展现简洁之美的结构，其构建过程往往依赖于简单的程序，涉及的信息量极其有限。这样的特性对生物系统来说，有着显著的优势。因为在生物体的发展和生存过程中，必须尽可能经济地构建出最有效的结构，以便实现多样的生存目标[14]。而分形几何结构正是既节约信息又极具效率的优美结构。

令人惊叹的是，科学家已经能够开发出基于分形几何的数学函数，用于模拟这些神奇的分形几何结构。通过这些基于算法的模型，人们能更深入地理解和探索复杂的自然现象，从而将分形几何的理论应用到更广的领域，例如生物学、生态学、物理学、化学等。

　　分形几何结构不仅有助于人们更好地理解自然和生物系统的内在运作机制，也提供了新的视角和工具，帮助人们解决在科学研究和实际生活中遇到的各种问题。分形几何结构的模拟和应用，无疑将打开一个全新的研究领域，推动科学和技术的进步。

　　因此，可以认为，智能和分形几何都是自然为了更有效地稳定宇宙而产生的。无论是生物还是非生物，无论从微观世界还是宏观世界，都可以在其内部或外部看到分形几何的存在。这些都证明了生命、自然和宇宙的智能和秩序是一种深刻且根本的普遍性规律。

　　罗马花椰菜是分形几何结构生动、直观的例子之一，如图 5-1 所示，分形几何结构就像大自然的一件复杂的艺术作品和奇迹。整个花椰菜的头部由一系列模仿大头部形状的小头部组成，这些小头部进一步包含更小的且形状相似的头部。这种递归的结构不断延续，层层递进，仿佛永无止境。

图 5-1　罗马花椰菜的分形几何结构

令人惊叹的是，罗马花椰菜的形态并不是随机生成的，它呈现出一种独特的器官排列方式，许多螺旋形态在各种尺度上嵌套排列。从微观到宏观，无论以何种尺度观察罗马花椰菜，都能看到其自相似的分形特征。

这种在生物体中发现的自然分形几何，使得罗马花椰菜不仅是一种美味的蔬菜，更是一种展现自然美学和数学原理的生物奇迹。罗马花椰菜以其独特的分形几何特性，展示了大自然以其简洁、高效的方式，创造出这种令人惊叹的复杂结构。

1975 年，数学家本华·曼德博（Benoit B. Mandelbrot）提出了"分形"一词 [15]。描述分形的最好方法是考虑它的复杂性：观察具有分形特征的物体时，无论放大还是缩小焦距，观察到的物体形状都将保持相同的复杂性。分形几何学是一门以不规则几何形态为研究对象的几何学。简单地说，分形几何就是研究无限复杂具备自相似结构的几何学。

传统几何学的研究对象为整数维数，如零维的点、一维的线、二维的面、三维的立体乃至四维的时空。相比之下，分形几何学的研究对象为非负实数维数，如 0.83、1.58、2.72、log2/log3（参见康托尔集）。因为它的研究对象普遍存在于自然界中，因此分形几何学又被称为"大自然的几何学"。分形几何是大自然复杂表面下的内在数学秩序。

数学意义上分形的生成基于一个不断迭代的方程式，这个过程可以视为一种基于递归的反馈系统。简单地说，每个步骤的输出都会作为下一个步骤的输入，如此不断循环，最终形成分形形状。

分形存在多种类型，可以根据其自相似的程度和特性进行分类：①精确自相似的分形，其特点是每部分都是整体的精确复制；②半自相似的分形，即每部分都与整体相似，但并非完全相同；③统计自相似的分形，它们的自相似性在统计意义上可见，这意味着每部分的属性平均来看与整体相似。

分形并不仅是数学领域的结构，也广泛存在于自然界中，如树枝、山脉、云彩等，这使分形被广泛引入艺术作品中。因此，分形的研究不仅存在于纯数学领域，也深入自然科学和艺术领域。

分形的应用也非常广泛，既包括理论研究，也包括实际应用。在医学领域，分形被用于分析生物组织和生理结构的复杂性；在土力学中，分形被用于描述土壤的破碎程度和颗粒结构；在地震学中，分形被用于描绘断层线的复杂性；在技术分析中，分形则被用于预测市场趋势和价格行为。这些都说明了分形理论的重要性。

5.3 微生物的智能

5.3.1 微生物

顾名思义，微生物是一类体积微小到肉眼无法直接观察到的生物，只能借助于光学显微镜或电子显微镜等工具才能看到它们。微生物包括广泛的生物种类，如细菌、病毒、真菌，以及藻类等。

每种微生物都有其独特的形态和特征，这些特征往往是由它们所处的环境决定的。从寒冷的极地冰层到炽热的地热温泉，从深海的黑暗深渊到高山的稀薄空气，微生物在各种极端环境中都能生存和繁衍，展现出了令人惊叹的适应性和多样性。

在地球生命历史的早期，第一批出现的生物便是微生物。它们是生命的开端，为后来的植物、动物，甚至人类的出现铺平了道路。微生物通过光合作用、分解有机物质等多种方式，改变了地球的生态环境，使之更适合复杂生命形式的生存。

微生物的历史是生命演化的一个重要篇章。早在数十亿年前，地球上最初的生命形式就是原核生物，这类微生物的结构非常简单，没有细胞核和其他膜结构细胞器。然而，随着时间的推移，它们经过长期的自然选择和演化，最终进化出了新的生命形式——真核生物。这类生物的细胞中有一个包含 DNA 的细胞核，以及一系列其他膜结构的细胞器，如线粒体和内质网等。

　　微生物的繁殖能力非常强大。大多数微生物通过无性生殖的方式，如分裂，进行繁殖。有些微生物在理想的环境条件下，一天内可以繁殖几十甚至上百代。这种惊人的繁殖速度，使得微生物能在短时间内产生大量的后代。

　　此外，微生物的代谢非常迅速。它们可以快速吸收和利用环境中的养分进行生长和繁殖。这种高效的代谢机制使得微生物能够在各种环境条件下生存下来。

　　微生物的生存需求非常低，它们能够在极端的环境下生存，包括高温、低温、高盐、高压等环境。这种对环境适应性极强的特性，使得微生物能在地球上的各个角落中生存下来，无论在陆地、海洋，还是空气中，都能找到微生物。

　　尽管地球上的生命形式已经发展到了高度复杂的人类，但微生物的存在并没有因此被边缘化。事实上，微生物在我们的生活中起着关键的作用，尤其在人类健康和疾病方面，其影响力不容忽视。

　　一方面，微生物是引起传染病的主要原因。很多人类疾病，尤其是传染病，都是由细菌、病毒引起的。从古至今，微生物引发疾病的历史就是人类和病毒的斗争史。虽然人类在预防和治疗这些疾病方面取得了显著的进步，如疫苗的发展和抗生素的使用，但新出现和复发的微生物感染仍然是一个持续的问题。

　　另一方面，微生物的存在和变异也给人类带来了新的挑战。尽管已经有了许多有效的治疗手段，但仍有大量的病毒性疾病缺乏有效的治疗药物。一些疾病的发病机制仍不清楚，这进一步加大了治疗的难度。此外，广谱抗生素的过度使用导致了强烈的选择压力，使得许多细菌变异，产生了抗药性，给人类健康带来了新的威胁。

　　更重要的是，一些病毒可以通过基因重组或重配进行变异，导致新型病毒的产生。2020 年年初导致疫情暴发的新型冠状病毒就是一个典型的例子。这种看似"无智能"的病毒，却在短短的时间内夺去了数百万"智能人类"的生命。

5.3.2 智能的黏菌

微生物的生活方式和适应性展示出了令人惊叹的"智能"。黏菌作为一种单细胞生物,让人对微生物的能力有了新的认识。黏菌虽然简单,但它们的行为却表现出了复杂性和灵活性。

普林斯顿大学的生物学家约翰·泰勒·邦纳(John Tyler Bonner)曾经这样描述黏菌:"它们只是被包裹在薄薄的黏液鞘中的一堆变形虫,但它们却表现出了与拥有肌肉、神经和神经节的动物——即拥有简单大脑的动物——相同的各种行为。"他的描述揭示了黏菌的独特性:虽然没有神经系统和大脑,但它们能执行一些通常被认为需要大脑才能完成的任务。

黏菌的行为之一就是迷宫解决能力。它们可以通过探索环境找到迷宫的出口,这种行为显示出它们在空间导向和决策制定方面的能力。此外,黏菌还显示出了学习能力,能够从经验中学习,改变自身的行为。

虽然黏菌是一种简单的单细胞生物,但它们的行为却表现出了一种"智能",这种"智能"在没有神经系统和大脑的前提下实现,这为理解生物的行为和决策制定能力提供了新的视角。这也让我们对微生物的能力有了更深的认识,尤其是它们如何使用有限的资源应对环境的挑战。

黏菌的智能表现首次引起广大科学家的注意,起因于一项在 2000 年由日本科学家仲垣(Nakagaki)等进行的具有里程碑意义的实验[16]。在这个实验中,他们精心设计了一个迷宫,并在迷宫的起点和终点分别放置了黏菌的食物——燕麦。这个迷宫中包含了四条可以连接起点和终点的路径,而这些路径的长度则各不相同。

当实验开始,黏菌以其独特的方式开始探索迷宫。首先,它们会扩展自己的细胞质,将几乎整个迷宫的表面都覆盖起来。此时,无论迷宫的复杂度如何,都无法阻挡黏菌寻找食物的决心和智能。一旦黏菌发现了食物,它们便会开始逐渐缩回自己的细胞质,留下的只有连接起点和终点的最短路径。

令人惊讶的是，在这个过程中，黏菌总能准确而迅速地选出那条最短且最省力的路径，就好像它们已经预先知道了迷宫的答案一样。这种能力不仅表现在简单的迷宫中，甚至在更复杂的环境下，比如在复杂的道路网络中，黏菌也能找到最优的路径。

这个实验展示了黏菌不同寻常的智能，它们能够在复杂的环境中找到最优的解决方案。尽管黏菌是一种单细胞生物，没有大脑和神经系统，但它们所表现出的行为却让我们对生命的复杂性和智能有了新的认识。这一实验不仅揭示了微生物世界的奇妙，也提供了理解复杂系统和求解复杂问题的新视角。

2004 年，基于之前的研究，科学家构思了一个新的、更为复杂的实验，以进一步挑战黏菌的智能。在新设计的实验中，研究人员在平面上随机放置了多个食物源，以此考察黏菌是否能够找出在多个食物源之间觅食的最优路径。核心问题在于，黏菌需要确定哪种路径能最大限度地降低能量消耗，同时确保获取到所有的食物资源。

黏菌的表现出乎所有人的意料。它们形成的网络，以独特的方式连接了各个食物点，这种方式在工程学中被认为是最优化路径。黏菌通过在资源点之间建立有效的网络，展现了其独特的生存策略和非凡的优化能力。

然而，需要注意的是，寻找最优化路径并非易事。这个问题实质上涉及极其复杂的组合优化，其复杂性随着节点数的增加呈指数级增长。因此，可以想象，要在现实世界中设计出一个有效的交通网络，其难度之大是可想而知的。然而，黏菌在这方面表现出了令人惊讶的才能。它们能够综合考虑各种因素，找到的路径并非只是最短的，而是最优的，这是其真正强大之处。

黏菌的这种能力不仅令生物学家惊叹，同时也为工程学家提供了寻找和建立优化路径的新思路。这个微小的生物，可能会为未来的城市规划和交通设计提供一种全新的、自然的解决方案。经过前面所述的两个实验，研究人员想进一步让黏菌设计更加复杂的网络——整个日本东京地区的铁路网！

我们都知道，东京的铁路系统是世界上最高效和布局最科学的铁路系统之一。工程师耗费了大量的时间和资源才设计出了这条铁路系统。然而单细胞生物——黏菌,尽管没有神经系统,没有大脑,却能在短短几十小时内,通过疯狂的生长,完成工程师花费几十年心血的任务。

在这次具有开创性的实验中,研究人员创造了一个模拟东京地区地形轮廓的大平面容器。他们根据黏菌的特性,利用光照模拟地形和海岸线,以此限制黏菌的活动范围。这是因为在实际的铁路网络设计中,工程师需要考虑到各种地形(如山丘和湖泊)和障碍物的影响。

随后,研究人员将一块最大的燕麦放在容器的中央,这块燕麦代表东京的中心火车站。另外35块小燕麦被分散地放在容器的各个角落,代表东京铁路系统中的35个车站,如图5-2和图5-3所示。

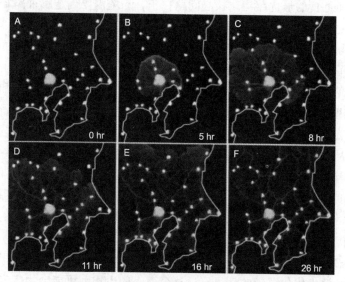

图5-2　由黏菌设计的日本东京地区铁路网

这次实验的目的,是要看黏菌能否在模拟环境中找出最有效的通往各个燕麦块的路径。如果黏菌能够做到,那么这不仅能进一步证明

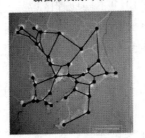
黏菌形成的网络

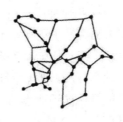
实际的东京铁路网

图 5-3   黏菌形成的网络与实际的东京铁路网对比

它们的惊人能力，也能为人们在面对复杂的网络优化问题时提供新的解决思路。

实验初期，黏菌表现出极其活跃的特性，尽可能地覆盖整个容器平面，以便更好地探索新环境。经过十几小时的不断摸索和优化后，黏菌开始表现出一种几乎像是"领悟"了什么的行为，对其布局进行精细调整。

连接各燕麦块之间的通道逐渐得到强化，就像铁路的主干线一样，越来越坚固和清晰。相反，一些对连接燕麦块没有太大作用的通道则像是被认定为多余的支线，逐渐被收缩，甚至完全消失。

经过 26 小时左右的不断摸索和优化后，黏菌终于完成了它们的任务。它们形成了一个网络，这个网络与东京铁路网的布局高度相似，几乎可以说是一个翻版。更令人惊讶的是，黏菌形成的网络不仅与东京铁路网相似，而且在某种程度上，甚至比实际的东京铁路网更具弹性。

这是因为黏菌的网络是活的，它能根据环境变化进行自我调整，增强或减弱某些路径，这种调整机制使得黏菌网络更具有应对变化的能力。这一发现令人惊叹，为城市交通网络设计提供了新的思考角度，即引入更多的动态和自适应的机制，以提高网络的灵活性和韧性[17]。

西英格兰大学的研究员安德鲁·阿达马茨基（Andrew Adamatzky）和全球各地的同事开展了一项涉及 14 个不同地理区域的高速公路网络实验室模拟。这些地理区域包括澳大利亚、非洲、比利时、巴西、加拿大、中国、德国、伊比利亚（包括西班牙和葡萄牙）、意大利、马来西亚、墨西哥、荷兰、英国和美国[18]。

在每个地理区域，他们都制作了相应的模型，并使用黏菌模拟现实中的交通网络。这项研究的目的是观察黏菌是否能够有效地复制和优化各地区的高速公路网络。更重要的是，他们希望通过这项实验，探索黏菌是否能够为人类提供优化交通网络、提高网络效率的参考和启示。

在这项研究中，他们利用黏菌模拟了不同地理环境下的高速公路布局。他们提供了食物作为黏菌的吸引点，这些食物代表各地的主要城市或高速公路交汇点。然后，观察黏菌如何连接这些点，以及形成的网络是否与实际的高速公路网络相似。

这项跨地域、跨文化的实验，旨在深化人们对黏菌的理解，也试图从这种没有大脑的生物中寻找到更好的网络优化策略，为我们在面对如何设计和优化复杂的交通网络等问题时，提供全新的思路和可能的解决方案。

惊人的是，黏菌形成的网络不仅高效，而且具有令人难以置信的自我修复能力。举个例子，如果移除其中一个食物源，这个高效的网络不会因此而崩溃，而是会按照之前的"最优化"原则，重新调整和优化结构。这种强大的自我修复能力，使黏菌网络在面对变化时能够快速适应和调整。

然而，到目前为止，这种没有大脑、没有神经系统的黏菌是如何完成这种智能的网络构建的，依然是一个未解的谜团。因为即便是没有大脑，黏菌也展现出了令人惊叹的智能。这种现象引发了人们的广泛思考，让人们开始猜想，这种看似简单的生物体中可能蕴含的智能，是否给未来人工智能的发展带来关键启示。

也许，通过深入研究黏菌的这种独特能力，能够找到启发人工智能发展的新思路。也许，黏菌的这种"无脑智能"可以引领我们打开新的研究视角，找到在面对复杂网络优化问题时更有效、更符合自然规律的解决方案。这些都是我们期待的未来可能性，也是科学研究中的挑战和机遇。

5.3.3   顽强的微生物

在微生物界，研究人员已经发现：当某种微生物的生存受到威胁时，它们相互之间能够进行某种形式的"警示沟通"。这种相互之间的信息传递，对于它们的生存和繁衍具有重要的影响。

哈佛大学时间生物学的奠基人之一约翰·伍德兰·黑斯廷斯（John Woodland Hastings）提出了一个前瞻性的观点。他认为，如果能够破译并掌控这些微生物之间的信息传递机制，那么就可能有能力减缓微生物感染的速度。

这一发现的重要性不言而喻，它可能为医学领域提供一种全新的治疗方法。一方面，通过减缓微生物的感染速度，可以为病患提供更多的恢复时间，帮助他们更快地康复；另一方面，这种方法还有可能避免微生物产生对抗生素的抗体，从而解决抗生素过度使用导致的耐药性问题。

而这也许只是这项研究的冰山一角。深入探究微生物间的信息传递机制，可能会揭示出更多关于生命的秘密，为我们的生活带来更多可能性。例如，可以借鉴和利用这种通信机制优化生态系统，或者开发出全新的生物技术。总之，这是一个充满潜力和未知的领域，等待我们去探索和发现。

伊利诺伊大学生物化学专业的领军人物萨蒂什·奈尔（Satish Nair）教授率领其研究团队在微生物领域进行了一项深入探索。他们认为细菌是生命力极为顽强且聪明的生物，它们能在几乎任何环境中生存，且能迅速适应新环境，在这个领域，它们的智慧和适应力几乎是无可匹敌的。

结肠炎耶尔森杆菌是他们研究的一个典型例子。这种菌株是一种常见的食源性致病菌，它们利用化学信号进行群体间的沟通。当周围环境发生改变时，比如温度、湿度、食物供应等条件发生变化，它们可以迅速集体做出反应，以便更好地适应环境。这种能力使得它们在面对不利环境时能够快速调整自身，提高生存概率。

在对抗细菌感染的策略中，利用一种微生物去消灭另一种微生物的策略独树一帜。这个策略得以充分验证是在1928年，由英国的细菌学家、生物化学家和微生物学家亚历山大·弗莱明（Alexander Fleming）发现了青霉素。随后，英国病理学家霍华德·弗劳雷（Howard Florey）和德国生物化学家恩斯特·伯利斯·钱恩（Ernst Boris Chain）共同对青霉素进行了深入的研究和改进，并成功地将其用于治疗人类疾病。这三位科学家因此荣获了诺贝尔生理学奖或诺贝尔医学奖。

青霉素的发现在医学史上具有里程碑意义。这种具有强大杀菌功效的药物成功地拉开了细菌传染病治疗的新篇章，从而终结了在此之前，各类细菌感染病症几乎无法有效治疗的困境。青霉素的出现也引发了抗生素新药研发的浪潮，它象征着人类进入了合成药物的新时代。

此后，众多不同类型的抗生素被成功研发出来，如同引发了一场对抗细菌的"大战"。这些抗生素通过多种方式破坏细菌的生长和繁殖能力，有效地遏制了它们在人体内引发疾病的可能性。这种研究不仅在医学领域发挥了重大影响，更为我们提供了了解生命本质和微生物世界的新视角。

在当今医疗领域，抗生素已经成为治疗细菌感染的重要武器。然而，细菌的独特能力——可以迅速适应并对抗生素产生抗药性——令人类陷入了尴尬的困境。当抗生素被反复使用后，细菌往往会对其产生抗药性。

生物化学教授萨蒂什·奈尔曾经指出，大部分细菌都能对至少一种抗生素产生抗药性。科研人员发现了一类被称为"超级细菌"的微生物，它们能够抵抗所有已知的抗生素。这类细菌产生抗药性的速度很快，主要是因为它们能够通过化学信号将自身对某种抗生素的抗药性"传播"给其他细菌。这使得很多细菌都能迅速产生抗药性，从而使它们跻身于"超级细菌"的行列。

科研人员认为广泛和过度使用抗生素的行为是非常不科学的。抗生素不具备选择性，因此会同时杀死有益的细菌和有害的细菌，而生存下来的细菌会对抗生素产生抗药性，并通过传播使其他细菌也获得抗药性。看似杀死细菌的行为，实际上可能催生出更为强大的细菌种类。这种情况使我们在对抗细菌感染的道路上面临新的挑战，亟须开发新型的治疗方法和策略。

虽然微生物普遍被认为是一种不具备"智能"的"低等"生命体，然而它们却以惊人的"智能"战胜了人类，以其惊人的生命力在地球上生存了超过40亿年。这一奇妙现象如果从宇宙趋向稳定的角度解读，可以找到一些合理的解释。

微生物的一切行为，实际上都是为了最大化它们的生存机会和增加其后代数量。这种行为产生的结果，就是使得熵增加。熵在物理学中代表混乱程度，更多的后代，意味着更多的混乱，也就意味着熵的增加。在第4章中曾经讨论过，熵的增加意味着可能性的增加，也就是状态的稳定性增加。因此，微生物的"智能"表现，其实只是在推动宇宙趋向更稳定状态的过程中顺势而为的结果。

从这个角度来看，微生物的智能并不神秘，而是符合宇宙稳定性的基本规律。它们的存在和发展，是宇宙规律的生动体现，是生命力对稳定状态的自然追求。如此看来，微生物的智能，只不过是其推动宇宙趋向稳定的过程中应运而生的产物。

5.4　植物的智能

1880年，著名的自然科学家达尔文首次提出了现代植物智能的概念。他在其著作《植物的动力》中，经过一系列细致观察和深入思考，得出了一个颇具启发性的结论，即植物的根部具有引导其他部分运动的能力。

他形象地比喻：植物的根部就像低等动物位于身体前端的大

脑,负责接收来自各感觉器官的信息,并据此协调身体动作。这个大胆的观点,为理解植物的智能和它们与环境互动的方式开启了新的视角。

在此基础上,可以进一步深入理解植物的"智能",它可能并非平常所理解的基于中枢神经系统的思考过程,而是一种更为基础的自然界普遍存在的生命反应机制。这种机制使得植物能够以其独特的方式感知并适应环境,完成种种看似"有意识"的行为。这无疑将对生命智能的理解提升到了新的高度。

5.4.1 发达的感官系统

虽然植物没有眼睛和鼻子,但它们在感知环境方面的能力却让人叹为观止。无论是对光线的感知,还是对气味的感知,植物都表现出了惊人的智能。

对于光线,植物通过特殊的光感受器(即叶绿体)感知并追逐光线,以便进行光合作用。这种对光线的感知和反应,使得植物可以最大化地利用光照资源,这是生命活动的重要基础。

在气味感知方面,植物同样拥有强大的能力。这一点在日常生活中经常可以观察到。一个常见的例子是将成熟的水果(如苹果或香蕉)放置在未成熟的鳄梨或猕猴桃旁边,能够加快后者的成熟过程。这是因为,未成熟的水果能够感知到成熟水果散发出的乙烯,这种物质能够促使其加快自身的成熟过程。

这种看似简单的感知,其实揭示了植物的生存智能,这种智能使得它们能够适应环境,调整生长节奏,确保自身的生存和繁衍。在植物的世界里,没有我们熟知的五官,但是它们的感知能力和反应能力却令人瞠目,这些神奇的能力,让我们对生命的智能有了更深的理解和更多的尊重。

20世纪30年代,剑桥大学的理查德·盖因(Richard Gein)进行了一系列开创性的实验,这些实验揭示了一个被广泛忽视的事实:成熟的苹果周围的空气中含有一种被称为乙烯的气体。在此之后,康奈尔大学博伊斯·汤普逊(Boyce Thompson)研究所的科学家进一步提出，乙烯实际上是一种使植物果实成熟的通用植物激素。

　　这种看似简单的生物机制在大自然中扮演着极为重要的角色。乙烯的释放和传播确保了同一棵植物上的果实能够同时成熟，就如同自然界的一场水果盛宴，精心准备。这样的同时的成熟的策略对植物有什么好处呢？

　　好处在于，能够吸引动物来采食。在动物享受美味的同时，也顺带帮助植物完成了种子的传播任务。果实的种子随着动物的迁移和排泄被广泛地散播到新的环境中，为植物的繁衍与生存打下了坚实的基础。因此，可以说，这种植物通过乙烯激素诱导果实同步成熟的策略，实际上是一种巧妙的生存智能，完美地融合了植物和动物的生存需求，彰显了大自然的神奇和美妙。

　　除了"视觉"和"嗅觉"，植物还拥有"味觉"和"触觉"。这些感知机制并非如人类的感官系统那样集中于特定的器官，而是分布在植物的每个部分，使其能够对周围环境做出全面的反应。

　　可以将植物的根视为其"味觉器官"。在搜寻营养的过程中，植物的根部会在土壤中探寻自己需要的微量元素，如磷酸盐、硝酸盐和钾。这种寻找和吸收微量元素的行为，可以看作植物的一种味觉体验。它们会对土壤中的化学成分进行分析，以确定哪些元素对它们的生长和发育最有利。

　　同时，植物的"触觉"也发挥着重要作用，尤其在食虫植物中更为明显。食虫植物（如捕蝇草和猪笼草）通过释放香甜的物质诱捕猎物，以满足食虫植物对氮元素的需求。一旦猎物接触到植物，它们就会通过特殊的"触觉"反应迅速关闭陷阱，捕捉猎物并分解营养物质。这一过程中，食虫植物通过制造特殊的酶分解猎物，将营养物质吸收到叶子中。

　　所以，无论是在寻找土壤中的微量元素中，还是在捕获和分解猎物的过程中，植物的"味觉"和"触觉"都起到了重要的作用。这种在植物中表现出来的感知与反应能力，再次证明了植物在进化过程中所展现出来的生命智能。

　　植物之间的沟通与交流方式令人惊叹。它们之间的互动并非是人们常规意义上的交谈，而是通过一系列复杂而精细的信号传递进行的。这是植物智能的一种独特体现，而这种方式是人类感知不到的。

人们常常喜欢新修剪的草坪释放的芳香气味，而这些芳香气味实际上是草坪的报警信号，宣告这片草坪已经受到侵害，可能是被昆虫啃噬。这些信号随风传递给周围的草叶，提示它们快速产生防御性的化学物质以对抗入侵者。

除了通过挥发性化合物在空气中传播信号，植物也通过地下真菌网络进行信息传递。这些网络是由真菌菌丝形成的复杂结构，使得树木和其他植物能够共享水分和养分，同时也可以向彼此发送警告信号。这种网络就像是植物的"互联网"，连接大片的植物群落，帮助它们在面临威胁时互相支援。

此外，植物也会利用气体、信息素，甚至是通过土壤中的电脉冲信号进行沟通。例如，当植物的叶子被动物咀嚼时，它会将乙烯气体释放到土壤中，作为警告信号传递给其他植物。接收到这种信号的植物可以进一步产生对动物有害的单宁，并输送至叶子中，使任何咀嚼其叶子的动物都可能会受到毒害。这种相互警告的行为是植物之间相互支援、协作生存的明证。

这种看似简单却充满智能的互动方式，展示了植物在生态系统中的重要角色及其独特的生命智能。

5.4.2　智能决策

提到植物的智能，许多人的脑海中首先浮现出的可能就是那些能"捕食"昆虫的植物，如广为人知的捕蝇草，如图 5-4 所示。捕蝇草是一种原生于北美洲的多年生草本植物，它独特的生存策略及进化方式都让人深感震撼。

捕蝇草在其叶尖处拥有一个形似贝壳的陷阱结构，这个奇特的植物结构就像一个等待猎物的细致精准的机关。这个"贝壳"内部能分泌甜美的蜜汁，以吸引无知的昆虫靠近。当昆虫落入陷阱，捕蝇草就会瞬间快速关闭陷阱门，将昆虫紧紧夹住。

在成功捕捉到猎物后，捕蝇草便开始以自己的方式"享用"这顿

图 5-4　能 "吃虫子" 的捕蝇草

大餐。它会分泌消化酶,将昆虫的肉质及内脏缓慢分解,转化为自己需要的养分,如氮和磷。这些昆虫的肉体在捕蝇草的消化过程中变成植物可以吸收的养分,从而促进捕蝇草的生长。

　　捕蝇草精妙的捕食机制是其生存智能的深度体现。捕蝇草的叶片每次合拢都需要消耗大量能量,因此,如果所捕获的猎物过小,获取的营养物质不能补偿捕猎过程中损耗的能量,这样的捕猎行为就会得不偿失。

　　为了避免这种情况,捕蝇草采取了一种高效的智能策略,它能记住过去的刺激,以更好地判断当前情况下是否值得开展捕猎,甚至还具备一种近似于 "读秒" 的能力。捕蝇草叶片的边缘布满规则排列的刺毛,这些刺毛就像人的睫毛一样灵敏。这种设计的智慧在于,捕蝇草不会因为一次轻微的触碰,比如一片树叶飘落到捕蝇草叶片上,就轻易地合拢叶片。

　　当捕蝇草的触发毛被连续触动两次,且两次触动的时间间隔在约 20s 以内时,捕蝇草的叶片才会闭合。换句话说,它需要记住第一次的触碰,并开始计算时间。更令人感到惊奇的是,捕蝇草还具有计数的能力,它会记住触发毛被触发的次数。只有当触发毛被触发五次后,捕蝇草才会分泌消化酶,开始消化它的猎物。

并非只是能快速反应的植物才拥有明智决策的能力，实际上，所有植物都具有对环境变化做出反应的独特本领。这些生命体无时无刻不在生理和分子水平上做出判断与决策，积极适应并回应周围环境的微妙变化。

以炎炎烈日下的极端缺水环境为例。在这样的环境下，植物会在极短时间内做出相应反应——迅速关闭气孔，阻止水分通过叶面上的微小气孔流失。这种反应似乎只是一种生物本能，但本质上是植物自身智慧的体现，体现了其对环境变化的敏感度以及为生存而做出的明智决策。这种反应是否真的称得上"聪明"？恐怕需要更深入地探讨与思考。

有些植物，如玉米、烟草和棉花，在面临被毛毛虫啃食时，会采取一种非常独特的防御策略。它们会释放特定的化学物质，这种物质能够吸引寄生类黄蜂前来。这些黄蜂会将自己的卵产到啃食植株的毛毛虫体内，随后，毛毛虫将死去，它们的体内成为黄蜂幼虫的养育之地。这种策略似乎暗含深远的智慧，植物通过这种方式，巧妙地借助外部生物力量达成自我保护的目的。

锤兰能模仿雌性黄蜂的外貌与气味，成功欺骗雄性黄蜂，并利用它们帮助自己完成授粉过程。一旦雄性黄蜂被诱至，锤兰便会"囚禁"它，使其全身沾满花粉，然后再释放出去，让它们将花粉传播至其他花朵。这种策略不仅巧妙，更展示了植物独有的生存智慧和生命策略。

植物的智能已经超越了单纯的适应和反应层面，进入了主动记忆和决策领域，体现出令人惊叹的复杂性和精细性。1973年畅销书《植物的秘密生活》由彼得·汤普金斯（Peter Tompkins）和克里斯托弗·伯德（Christopher Bird）编写，书中提出了一系列颠覆传统认知的观点，无疑打开了一扇我们理解植物智能的窗户。

书中的一些惊人观点包括：植物可以"读懂人的思想""感受压力"和"挑剔"植物杀手。这些看似离奇的观点，暗示植物可能具有远超人类想象的感知、思考以及决策能力。如果这些观点确实成立，那么我们对植物的理解将会有质的飞跃。

　　这本书的出版引起了学术界和公众的广泛关注，因为它打破了植物仅仅是无动于衷的无法感知外界的旧观念，提出了植物可能拥有类似动物的认知、感知和决策能力。

　　这些论点虽然在一些科学家眼中看似离谱，但却启发我们重新审视植物的生命过程，激发我们从不同的视角和维度认识和理解植物的行为及其内在机制。我们能够更深入地理解和研究植物如何在各种环境压力下，通过其内在的智能做出合理的生存决策，并与环境互动。

　　植物智能的研究无疑为我们揭示了大自然中更多深藏的秘密。这项研究也将促使我们对植物与生态系统的关系，乃至生命的本质有更深入的理解和认识。

　　西澳大利亚大学进化生态学教授莫妮卡·加利亚诺（Monica Gagliano）针对含羞草（Mimosa pudicas）这种特殊植物展开了一系列有趣的实验。含羞草常被形象地称为"羞耻植物"，它的叶子在受到任何干扰时都会迅速向内折叠，仿佛它们拥有感知外界触摸的能力。

　　理论上，含羞草本能地对所有接触或跌落做出防御性反应，将其视为潜在的威胁并关闭自己。然而，加利亚诺教授在 2014 年的一项研究中表明含羞草能够"记住"从较低高度掉下并无实质性危险，因此无须过度保护自己。

　　她的实验结果促使人们重新思考，是否只有大脑和神经元才能够进行复杂的思考和学习。相反，她的研究显示，即便没有大脑和神经元，植物也能表现出学习和记忆的能力。相比蜜蜂几天后就会遗忘它们学到的东西，含羞草则能记住近一个月[19]。

　　若植物真的具有"学习""记忆"和"交流"的能力，那么我们可能误解了植物和人类自身。我们必须重新审视对智能的理解，扩大这一概念的范围，以使其包含更多的生命形式。

　　需要认识到，智能并不是动物，特别是人类的专有属性。我们需要摒弃一些根深蒂固的偏见，开放思维，接纳以前从未考虑过的可能性。在自然界中，每种生命形式都可能拥有自己独特的智能和感知方式，这是我们人类需要尊重并理解的。

5.5 动物的智能

长期以来，人类总是习惯性地把自己视为唯一拥有智能的物种，即使慢慢承认其他动物物种的智能，也是把人类从整个动物界隔离了出来。

荷兰著名的心理学家、动物学家和生态学家弗朗斯·德瓦尔（Frans de Waal）在灵长类动物学研究方面享有很高的声誉。在他的著作《万智有灵》中，他对各种动物的智能进行了深入的探讨和描述，揭示了动物智能的多样性和独特性。他的研究强调动物的社交行为、学习能力、记忆力及情感反应等多个层面的智能表现，让人们重新审视自然界中的其他生物种群，认识到它们也有自己独特的智能和能力。人们不再将智能视为人类的专属标签，而是开始认识到智能是生命本身的一种基本属性，无论是人类、动物，还是植物，都在各自的生活环境中展现出各种形式的智能[20]。

5.5.1　使用工具

使用工具的能力被视为人类智能的标志性表现。事实上，有些动物同样能制造和使用工具，这一点已经被大量的观察和研究所证明。

以刚果共和国的黑猩猩为例，在森林中，科学家发现黑猩猩会携带两根不同的枝条进行狩猎，其中一根是约一米长的结实木棍，另一根则是非常柔韧的草茎。它们如何运用这两种工具进行狩猎呢？

在猎食蚂蚁的过程中，黑猩猩将长木棍作为类似铲子的工具，用它挖通往蚂蚁巢穴的洞，然后再用柔韧的草茎探入蚂蚁洞。此时，草茎便成了一个诱饵，引来蚂蚁咬住。然后，黑猩猩便会像人类钓鱼一样，将咬住草茎的蚂蚁一一拽出来，作为美食享用。

这种利用不同工具进行狩猎的行为在黑猩猩群体中是极为常见的。它们的这种行为，生动地展示了使用工具并非人类的专属技能。这也提醒我们，要以更开阔的视野理解和接纳非人类生物的智能，认识到它们在适应环境、生存和繁衍过程中所展现出的能力和智慧。

有些动物在使用工具的过程中展示了令人惊讶的预测和规划能力。它们似乎能在脑海中预先演练出使用工具的各种可能情况，然后制定出有效的行动策略，以达到预期的目标。

动物学家为此进行了一项有趣的实验。在实验中，他们将花生固定在一个细管的底部，动物必须使用某种工具将管内的花生顶出来，然后才能拿到它。研究人员给僧帽猴提供了各种可能的工具，包括长棍、短棍，甚至是柔韧的橡胶。

在经历了多次试错后，僧帽猴最终选定了长棍，成功地利用长棍将花生从细管中顶了出来。这个实验证明了僧帽猴具备解决复杂问题的能力，包括选择和使用正确的工具。

为了进一步测试动物的适应能力和策略规划能力，动物学家在后续的实验中增加了难度。他们在管子的中部增设了一个洞，如果僧帽猴推动花生的方向不准确，花生就会从这个洞落入一个罐子，猴子就会无法拿到花生。经过一连串的尝试和失败后，僧帽猴识破了新实验的规则，它们再次使用长棍，并以正确的方向推动花生，最终成功获得了花生。

完成这个实验并不容易，如果让人类幼童尝试，3岁以上的孩子才能成功完成这个任务。可见，僧帽猴的思考和规划能力已经接近人类幼童。

黑猩猩也参与了这个实验，它们的表现令人惊奇。与僧帽猴不同，黑猩猩在实验中没有经过反复的试错过程。相反，它们似乎经过深思熟虑就能直接确定正确的策略并成功获取花生。这再次证明了动物认知能力很发达，它们的行为模式与人类在解决问题时的思维模式有着惊人的相似性。

其实并不仅限于哺乳动物中，爬行动物、鸟类，甚至无脊椎动物中也有使用工具的案例。

新喀里多尼亚乌鸦就是一个例子。这种乌鸦表现出了惊人的工具使用和组合能力。在实验中，乌鸦需要先用一根短棍获取一根长棍，然后再利用长棍获取食物。在七只新喀里多尼亚乌鸦中，有三只乌鸦在第一次尝试时就成功地完成了任务，这证明了它们的高度智慧和精准的规划能力。

在爬行动物中，短吻鳄也展示了惊人的工具使用技巧。它们会巧妙地制作出独特的陷阱捕猎。它们用浮在水面上的树枝吸引水鸟，待水鸟在树枝上休息时，在水下发起伏击。如果水中的树枝稀少，这些聪明的短吻鳄甚至会主动远离领地去寻找适合的树枝制作陷阱。这种策略性的行为，展示了短吻鳄的独特思维方式和解决问题的能力。

在无脊椎动物中，印度尼西亚海域的一种椰子章鱼表现出了令人惊讶的工具使用技能。这些章鱼会聪明地将废弃的椰子壳带回它们的住所，然后用这些壳作掩护，在海底安全地移动。这种行为展示了章鱼的高度智慧和独特的生存策略。

可以看到，从哺乳动物、鸟类、爬行动物到无脊椎动物，各种动物使用工具的行为揭示了它们非凡的智慧和创新能力，也让人们重新认识到动物在面对生存挑战时所展现出来的聪明才智和适应性。

5.5.2　动物语言和社交

有人认为使用语言是人类独特的能力，将其视为人类独特智慧的体现。然而，大量的研究发现，许多动物也可以使用特定形式的语言表达自己的意愿和情感，这使得人们对"语言"的理解有了新的领悟。

鹦鹉就是一个常见的例子。作为宠物饲养的鹦鹉有惊人的学舌能力，鹦鹉并非仅仅模仿人类的言语，而且有些鹦鹉实际上已经聪明到能够使用不同的词汇和短语表达特定的意思。例如，它们会通过不同的词语表示饥饿，或表达对某种食物的喜好。更重要的是，它们能够将自身的想法和语言建立连接。

在海洋中，海豚同样是会使用语言的充满智慧的生物。海豚以其高度的社交技巧和复杂的沟通方式，备受人们的赞誉。它们使用一种独特的像是一种高频哨音的"语言"交流。

每只海豚都有自己独特的哨音，这些哨音不仅包含个体的身份信息，也能反映它们的情绪和需求。从出生后的第一年开始，幼年海豚就能够发出这种哨音，标明自己的特定身份。这种身份标识的功能使得海豚能够在繁杂的海洋环境中识别出来自同伴的信号，强化它们的社交联系。

更让人惊奇的是，海豚之间的交流并不仅限于个体之间的单向传递。当一只海豚模仿另一只海豚的哨音时，被模仿的海豚会做出反应，仿佛能够理解这种模仿行为是对自己的呼唤。这种行为类似于人类的命名行为，海豚通过这种方式建立和维护它们的社交网络。从这些行为中看到，即使在动物界，也存在着复杂的社会交往和沟通方式。

这显然打破了人类对语言的传统认识，不仅揭示了海豚的智能和社会性，也让人类从不同视角理解动物界的社会结构和交流方式。

在动物界不仅存在复杂的社交网络，而且存在文化现象。科学家发现，在黑猩猩的社交网络中，存在着大量的互动行为和文化传播行为，使得不同群体在行为特征上有明显的区别。更令人惊奇的是，黑猩猩群体中甚至出现了"时尚"行为，就像人类社会中的流行文化，被群体内的成员广泛接受并模仿。

实验中，生活在人工饲养环境的黑猩猩群体频繁地变换着"时尚"行为。例如排成一列纵队，以一种特定的节奏围绕着柱子跑圈，如同跳舞般，一只脚轻轻落下，另一只脚重重踩地，头部随着步伐的节奏摇摆，就像是一种令人欢快的舞蹈。

科研人员对黑猩猩进行了一系列需要智力的游戏实验。然而，当重复进行游戏时，黑猩猩会表现出明显的不耐烦。似乎已经感到厌倦，它们开始主动尝试改变游戏的方式。这种行为表现出黑猩猩的智力和创新能力。

这些发现拓宽了人们对动物行为的认知，同时也为人们理解生物智能提供了新的视角。无论是黑猩猩的复杂社交网络、海豚的高效沟通方式，还是鸟类和爬行动物使用工具的技巧、微生物和植物的生存技巧，都在向人们展示，生物智能远远超出人们的想象。

通过这些现象，可以看到，生物智能不是只存在于人类中，而是广泛存在于各种生物中。它涵盖各种不同的能力，包括适应环境的策略和应对挑战的技巧。这些能力并不是一成不变的，而是随着环境的变化和时间的推移而不断进化和完善。

这些深入研究挑战了人对智能的传统理解——将智能视为一种人类特有的能力，但是研究结果显示，智能是一个广泛的概念，不仅存在于人类中，也存在于动物和植物中。动物和植物通过各种方式适应环境，解决困境，实现自我保护和群体生存的能力，向人们展示了生物智能的多样性和独特性。

参考文献

[1] SCHRODINGER E. What is life? The physical aspect of the living cell[J]. American Naturalist, 1967, 1(785): 25-41.

[2] OPARIN A I. The origin of life [M]. London: Weidenfeld & Nicolson, 1967.

[3] MILLER S L. A production of amino acids under Possible primitive earth conditions [J]. Science, 1953, 117(117): 528-529.

[4] 胡永畅，蒋成城，陈常庆，等. 全合成胰岛素和丙氨酸转移核糖核酸的决策和组织 [J]. 生命科学，2015，27(6)：7.

[5] THAXTON C B, BRADLEY W L, OLSEN R L. The mystery of life's origin: Reassessing current theories [J]. Biochemical Society Transactions, 1984, 13(4): 797-798.

[6] DE DUVE C. Vital dust: The origin and evolution of life on earth [M]. New York: Basic Books, 1995.

[7] SMITH E, MOROWITZ H J. The origin and nature of life on earth: The emergence of the fourth geosphere [M]. Cambridge: Cambridge University Press, 2016.

[8] KACHMAN T, OWEN J A, ENGLAND J L. Self-organized resonance during search of a diverse chemical space [J]. Physical Review Letters, 2017, 119(3): 038001.

[9] HOROWITZ J M, ENGLAND J L. Spontaneous fine-tuning to environment in many-species chemical reaction networks [J]. Proceedings of the National Academy of Sciences, 2017, 114(29): 7565-7570.

[10] ITO S, YAMAUCHI H, TAMURA M, et al. Selective optical assembly of highly uniform nanoparticles by doughnut-shaped beams [J]. Scientific Reports, 2013, 3.

[11] KONDEPUDI D, KAY B, DIXON J. End-directed evolution and the emergence of energy-seeking behavior in a complex system [J]. Physical Review E Statistical Nonlinear & Soft Matter Physics, 2015, 91(5): 050902.

[12] MARCUS P S, PEI S, JIANG C H, et al. Three-dimensional vortices generated by self-replication in stably stratified rotating shear flows [J]. Physical Review Letters, 2013, 111(8): 697-711.

[13] ZERAVCIC Z, BRENNER M P. Self-replicating colloidal clusters [C] //Proceedings of the National Academy of Sciences, 2014, 111(5): 1748-1753.

[14] CALKINS J. Fractal geometry and its correlation to the efficiency of biological structures [EB/OL]. (2013-04-22) [2023-06-12]. https://

scholarworks.gvsu.edu/cgi/viewcontent.cgi?article=1237&context= honorsprojects.

[15] MANDELBROT B. The fractal geometry of nature [M]. New York: W. H. Freeman and Co., 1982.

[16] NAKAGAKI T, YAMADA H, TÓTH Á. Maze-solving by an amoeboid organism [J]. Nature, 2000, 407: 470.

[17] TERO A, TAKAGI S, SAIGUSA T, et al. Rules for biologically inspired adaptive network design [J]. Science, 2010, 327 (5964): 439-442.

[18] ADAMATZKY A, AKL S, ALONSO-SANZ R, et al. Are motorways rational from slime mould's point of view? [J]. International Journal of Parallel Emergent and Distributed Systems, 2012, 28(3): 230-248.

[19] GAGLIANO M, RENTON M, DEPCZYNSKI M, et al. Experience teaches plants to learn faster and forget slower in environments where it matters [J]. Oecologia, 2014, 175(1): 63-72.

[20] DE WAAL F. Are we smart enough to know how smart animals are? [M]. New York: William Warder Norton & Company, 2016.

第 6 章

人类的智能

大脑是一个你可以握在手中的只有大约 3 斤重的物质，但是可以想象一个千亿光年的宇宙。

——玛丽安·戴梦德（Marian Diamond）

大脑是最后也是最伟大的生物前沿，是我们在宇宙中发现的最复杂的东西。

——詹姆斯·杜威·沃森（James Dewey Watson）

研究显示，最早的具有与现代人类相似特征的动物出现在约 250 万年前。而在约 7 万年前，被称为"智人"的物种在非洲经历了一场认知革命。智人的大脑结构达到了复杂度和能力的阈值，使得思想、知识和文化得以形成和传播。因此，生物学催生了人类历史。

本章将深入探讨人类大脑的新皮质——与人类的智力和认知能力密切相关的关键结构。新皮质对于人类特有的思维方式具有重要影响，因此，本章也将讨论这种思维方式的特点和作用。

接着将探讨关于人类大脑的理论和研究，这些理论和研究从关键视角解释人类智力和认知能力。通过阅读这部分内容，我们将更好地理解人类大脑是如何形成和处理信息的，以及这种处理信息的方式如何影响人类的行为和决策。

本章最后将讨论人类智能在处理信息过载的问题上的局限性，以及这种局限性如何导致信息茧房现象。信息茧房是现代社会中常见的现象，它反映了人们在面对大量信息时，往往只关注和接收与自己观点相符的信息，从而形成狭窄的信息视野的现象。本章将深入探讨信息茧房的成因和影响，以及如何通过提高信息处理能力克服信息茧房。

6.1　大脑中的新皮质：一种有效的结构

人们至今仍在探究，到底是什么因素引发了智人的认知革命。这场认知革命的确切原因尚未被明确，但确实知道的一点是，这场革命为人类的祖先——智人提供了全新的思维和交流方式，这极大地提升了他们的适应性和生存能力。

达尔文主义者的观点是，随机的基因突变可能改变了智人大脑的内部结构，提升了他们的智力，使他们具有复杂的思维能力，如抽象思维能力、解决问题的能力及创造能力，进而触发了认知革命。然而，这只是一个理论，并没有得到明确的证实。

达尔文主义者的观点中令人困惑的是，这种基因突变为何仅在智人身上发生，而并未在其他物种，如尼安德特人等身上发生？这些物种与智人相比具有同等的身体条件和生理结构，但它们并未经历类似的认知革命。

这是一个困扰科学界的重要问题，我们可能永远无法确定那时候到底发生了什么。尽管如此，继续研究这场认知革命，不仅可以帮助我们更好地理解人类的过去，也可以为我们理解和优化现代社会的认知和交流方式提供重要的启示。

　　智人大脑中特殊结构的形成可能是信息流驱动的结果，这与第4章所描述的耗散结构现象类似。耗散结构现象指的是，当系统可与外界进行持续的物质和能量交换时，系统内部会形成稳定且复杂的结构。

　　信息对动物的生存和繁衍至关重要。它们每时每刻都面临着来自环境输入的大量信息，包括食物的来源、水源的位置、居住环境的安全性、捕食者的位置和其他环境变化等。这些信息流不断地影响和塑造着动物的行为和适应性。

　　在信息流的驱动下，哺乳动物大脑中出现了一种特殊的结构——新皮质（Neocortex）。

　　Neocortex 来自拉丁语，意思是"新的外皮"。这种结构使大脑能够以比其他结构更有效地缓解外部信息和内部信息之间的不平衡。换句话说，使用这种结构，系统（大脑和环境）能以比使用另一种结构时更有效地稳定下来。智能在这个稳定过程中自然呈现。

　　大脑皮质又称灰质，覆盖在大脑表面，是高级神经活动的基础[1]。这个复杂的结构由神经元、神经纤维及神经胶质三种主要成分构成。人类大脑皮质表面起起伏伏，存在大量的纹理和褶皱，称为"回"；这些褶皱间的浅沟被称为"沟"；深而宽的沟则被称为"裂"。这些沟回的存在大大增加了皮质的表面积，提供了更多的空间容纳神经元。

　　大脑皮质表面分为五个主要区域，即五个"叶"，包括额叶、顶叶、颞叶、枕叶以及边缘叶。其中，前四个叶在大脑发展历程中出现较晚，因此被称为新皮质。而边缘叶相对较早出现，因此被称为旧皮质。

　　如果更深入地观察大脑皮质的结构，会发现它从表面向内部可以划分为六个层次：分子层、外颗粒层、锥体细胞层、内颗粒层、节细胞层和多型细胞层。这些层次由不同类型的神经细胞构成，其中颗粒细胞负责接收感觉信号，而锥体细胞则负责传递运动信息。

　　大脑皮质按照其在生物进化过程中的出现顺序和结构特征，可以进一步分类为古皮质（archeocortex）、旧皮质（paleocortex）和新皮质（neocortex）。古皮质和旧皮质与嗅觉功能密切相关，它们总体上被称为嗅脑。在哺乳动物中，新皮质的发展程度反映该物种的进化程度，越是高级的物种，新皮质就越发达。古皮质和旧皮质都是三层结构。而新皮质则发展为六层结构。人类的新皮质很发达，约占整个大脑皮质的96%。高度复杂且精细的新皮质是人类进行复杂思维、行为和情感交互的物质基础。

新皮质主要参与大脑的高级功能，如感知、记忆、语言和意识等。不同的新皮质区域负责处理不同类型的信息。例如，视觉、听觉和触觉感知都由新皮质的特定区域进行处理。同样，语言理解和语言表达也依赖于新皮质的某些特定区域。新皮质也参与信息的整合和解释，使我们能够对感知和了解到的信息进行有意义的解读。

新皮质在人类的情绪调节和社会行为中也发挥着关键的作用。例如，同理心和道德判断依赖于新皮质的前部，即前额叶。同时，新皮质也参与对情绪的调节和控制，使人类在面对各种情绪挑战时能够适应和保持稳定。新皮质是哺乳动物大脑中的显著特征，而在鸟类或爬行动物大脑中则未出现新皮质。新皮质在哺乳动物的大脑皮质中占比较高，位于大脑半球的最顶层，厚度为 2 ~ 4mm。

之所以被称为新皮质，是因为在生物进化的历程中，它是大脑皮质最新进化出的部分。新皮质也是不同哺乳动物中差别最大的部分，不同哺乳动物的新皮质的大小可谓天壤之别，老鼠、猴子和人类大脑的大小对比如图6-1所示。啮齿类动物的新皮质大约只有邮票那么大，且表面相对光滑；灵长类动物的新皮质却展现出复杂性，它以错综复杂的方式折叠在大脑的顶部，深脊、凹槽和皱纹使其表面积大大增加。

新皮质在人脑中的占比极高，它构成了人脑的主体，约占人脑重量的80%。人类的大额头提供了更多的空间容纳新皮质，这使得人类具有更为复杂的思维能力，包括高级抽象思维、创新思维等，也是人类能够成为地球上非常聪明的生物的重要原因。

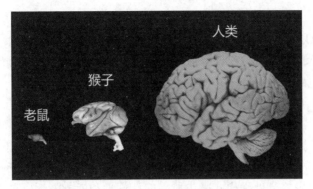

图 6-1 老鼠、猴子和人类大脑的大小对比

6.2 人类特殊的思维方式

6.2.1 抽象等级与模式

新皮质的发展虽然为哺乳动物，特别是人类，带来了诸多认知上的优势，但哺乳动物也需要为新皮质的发展付出相当大的代价。

首先，大脑体积的增大给哺乳动物带来了一些明显的生理挑战。例如，一个体重 60kg 的普通哺乳动物的大脑体积平均约为 $200cm^3$，而相比之下，现代人类的大脑体积则为 $1200 \sim 1400cm^3$。因此，一个显而易见的问题就是如何在头骨中容纳这个庞大的大脑以及如何为这个大脑提供充足的能量。

尽管大脑仅占人体重的 2% ～ 3%，但当身体处于休息状态时，大脑却需要消耗整个身体约 25% 的能量。相比之下，猿类的大脑只需要消耗 8% 的能量。这意味着人类需要摄入更多的食物和营养以满足大脑的需求。

因此，尽管新皮质的发展为人类带来了诸多认知和社会能力的优势，但也必须承认，这种发展并不是没有代价的。这些代价既包括生物学上的挑战（即如何在头骨中容纳一个庞大的大脑），也包括代谢上的需求（即如何提供足够的能量满足大脑的需求）。这些也影响了人类的生活方式，包括饮食、社会行为及适应和应对环境的方式。

为了有效地节省能量，新皮质采用了处理信息的"模式"，以分层的方式进行组织。未来学家雷·库兹韦尔（Ray Kurzweil）将这一理论称为"思维模式识别理论"[2]。

在这种理论中，新皮质被视为一种高效的信息处理系统，它通过识别并利用信息处理模式减少所需的计算量和能量消耗。这些模式可以是简单的感官输入，如颜色或形状，也可以是复杂的抽象概念，如逻辑或道德。这种处理方式使大脑能够快速且准确地解读和响应环境信息，同时降低能量需求。

研究人员发现，没有新皮质的动物（如非哺乳动物）在很大程度上无法理解等级的概念。这表明，对现实中等级概念的理解是哺乳动物特有的能力，这在很大程度上要归功于新皮质。新皮质负责从感官感知到识别感知对象，再到理解抽象概念，以及从逻辑推理到语言表达的所有过程。这种从具体到抽象，从感性到理性的分层处理方式，是新皮质在信息处理中的一大特色，也是新皮质在人类进行复杂思考和交流时的主要工作过程。

进行逻辑处理和问题分析的确需要消耗大脑中更多的能量。相对于逻辑处理能力，人类的模式识别能力更为强大，这也是大脑为了提高能源利用率所做的适应。

人类大脑强大的模式识别能力源于人类的祖先需要在复杂而充满挑战的自然环境中生存下来，环境要求他们快速识别出猎物、捕食者、友善者，以及危险或可获得食物的环境。因此，人类的大脑演化出了一种强大的模式识别系统，以便能在大量信息中迅速找到有意义的模式和联系。

然而，虽然人类的逻辑推理能力相对较弱，但这并不意味着它不重要。事实上，逻辑推理和分析能力是人类理解复杂系统、解决抽象问题，以及进行创新思维的基础。虽然模式识别系统能帮助人类快速理解世界，但只有通过逻辑推理，才能超越现有的知识和经验，发现新的理念和解决方案。

因此，虽然进行逻辑推理需要消耗更多能量，但这是人类愿意付出的代价。通过这种方式，人类的大脑在处理信息时找到了一种平衡：利用模式识别系统处理大部分日常任务，从而节省能量，同时在需要时使用逻辑推理解决更复杂和抽象的问题。这种处理方式使人类既能有效地应对生活中的常规挑战，又能面对新的和未知的问题。

《快思考，慢思考》是由行为经济学家丹尼尔·卡内曼（Daniel Kahneman）撰写的一部著名的图书。该书主要探讨了人类的决策过程，提出了两种不同的思考方式：系统1（快速思考）和系统2（慢速思考）。

系统1代表直觉反应，它是自动化的、快速的，无须过多投入认知资源，也不需要有意识地控制。这种思考方式帮助人类处理日常生活中的大量简单任务，如识别面孔、理解简单的句子或做出基于经验的快速决策。尽管系统1能高效地处理这些任务，但它也容易受到各种认知偏见的影响，因为它的决策往往基于经验和情绪，而不是逻辑和证据。

系统2则是深度思考的模式，它需要我们有意识地参与，是反应较慢、精细且有逻辑性的思考方式。当面临复杂的问题或需要做出重要决策时，通常会启动系统2，例如进行复杂的数学计算、评估投资决策或思考哲学问题时。然而，系统2的运行需要消耗大量的认知资源，因此通常只在必要时才会使用它。

卡内曼在书中深入探讨了这两种思考方式如何影响我们的决策和判断，并给出了许多生动的例子。他指出，虽然系统2的思考方式更加理性和精确，但由于人类的认知资源有限，我们在大多数情况下还是依赖于系统1进行决策。这种依赖使我们容易受到各种认知偏见的影响，从而做出非理性的决策。

此外，卡内曼还介绍了许多常见的认知偏见，如代表性偏见、可得性启发和锚定效应等，这些偏见都会影响我们的决策过程。然而，他同时指出，如果我们能了解并意识到这些偏见，就能在某种程度上避免它们，从而改进我们的决策。

1978 年，著名神经科学家弗农·蒙卡斯尔（Vernon Mountcastle）对新皮质进行了深入的研究，提出了一个重要的研究结果，那就是新皮质的组织结构显示出了一致性。他猜测，这种一致性可能源于新皮质的基本构造单位——皮质柱的反复重复。这个假设为新皮质的功能解析提供了一个可能的参考。

皮质柱被认为由大量模式识别器组成，它是新皮质的基础构成单位。这些模式识别器可以相互之间建立连接，形成一种复杂的神经网络，使得新皮质能够处理各种复杂的信息。这些识别器之间的连接并非由遗传密码预先决定，而是为了反映随着时间的推移人类所获得的学习模式和经验。

这种连接的形成反映了人类的学习过程。每当学习到一种新的模式或概念，新的神经连接就会在皮质柱之间形成，皮质柱的连接反过来又进一步影响人类认知和行为。也就是说，这种连接的形成和改变不仅是人类学习的结果，也是持续学习和适应环境变化的基础。

这种由学习和经验驱动的神经连接，使得新皮质能够适应各种复杂的任务，从基本的感知和运动控制，到高级的认知功能（如语言理解和抽象思维能力）。蒙卡斯尔的观察和假设对人类理解大脑如何处理复杂信息，以及如何通过学习和经验进行自我优化，提供了有力的理论支持。

在人类的新皮质中可以找到约 50 万个皮质柱，这些微小的结构构成了大脑的基础框架。每个皮质柱又包含约 6 万个神经元，它们各司其职，参与处理大脑中的各种复杂任务。

据估算，人类新皮质中神经元的总数量达到了 1000 亿个。这些神经元构成了大脑的复杂网络，支持人类进行感知、思考、记忆和其他认知活动。它们的工作效率和精细程度令人赞叹。

一个皮质柱内的每个模式识别器由约 100 个神经元组成。这些模式识别器是神经信息处理的基本单元，它们通过神经元的紧密连接，共同完成识别和处理各种信息的任务。

据估计，人类新皮质中约有 3 亿个这样的模式识别器，它们共同构成了一个复杂而高效的信息处理系统。这些模式识别器能够处理各种不同的信息，如视觉器官、听觉器官、触觉器官等感知到的信息，以及更高级的语言信息。通过模式识别器的协同工作，人类能够快速而准确地理解和响应周围环境，使人类可以在复杂的环境中生存和繁衍。

这些模式识别器并不是静态的，它们能够根据学习和经验进行调整和优化，使大脑在处理信息时更为高效和灵活。这是人类大脑的一个重要特性，也是人类能够持续学习和改进，适应不断变化的环境的重要基础。

6.2.2　人类的八卦能力

新皮质结构使智人不仅具有使用语言、工具和多样化创造的能力，还可以传递它们从未见过、接触过的或根本不存在事物的信息。

如尤瓦尔·哈拉利（Yuval Harari）在其著名著作《人类简史》中所阐述的，八卦、传说、神明、神话及宗教的概念初次在人类社会中出现 [4]，不仅反映出人类思维方式的独特性，也充分展示了人类文化和精神世界的丰富性。它们构成了人类无比繁复的思想，为人类精神生活的丰富性和复杂性赋予了无穷的生命力。

在自然界中，动物确实有信息交流的能力，然而，它们的信息传递能力基本被限制在直接的感知经验上。例如，当面临狮子这样的威胁时，它们可能会发出特定的声音或采取特定的行为向同伴发出警告："小心！狮子！"这种交流形式往往与生存环境的直接感知和应对密切相关，相比之下，其信息的复杂度和深度相对较低。

与此形成鲜明对比的是，人类的语言和沟通能力却超越了基于感知和经验的直接信息传递，而进入了抽象和象征性思维的领域。当智人说出"狮子是我们部落的守护神"这句话时，它并不仅是对物理世界的直接描述，更是蕴含了对于神明、宗教和精神世界的深刻理解与象征。这种独特的语言和沟通能力使得人类能够构建复杂的社会结构，分享文化观念，成为推动人类文明持续发展与繁荣的重要动力。

通过将自然现象人格化、抽象化，通过创造并讲述神话、传说，人类创造出了一种全新的思维模式和社会交流方式，这在生物界是独一无二的。这种能力不仅推动了人类社会的发展，也塑造了人类独特的文化和精神世界。可以想象，如果没有这种能力，人类文明可能会停滞不前，人类的精神世界也会显得非常贫瘠。因此，深入理解并传递象征性信息的能力，正是人类独特的思维方式和交流手段的体现。它使人类能够看到和理解这个世界更深层次的意义，超越简单的、直观的现象，理解事物的内在含义和象征性的价值。这种能力加深了人类对世界的理解，丰富了人类的思想和感情，也成为人类构建和传递文化的基础。

更重要的是，这种超越直接感知的语言和思考能力，使人类能够理解和描述未来，规划并预期未来的可能性。这种前瞻性思维能力是人类制订长远计划、规划未来社会和生活的关键，也是人类建设结构复杂的社会，文明繁荣的根本原因。

同时，抽象的思维和语言能力允许人类思考和探索自身的存在的目的和意义、人类与世界的关系。这些抽象的思考和探索，使人类的生活充满了意义和可能性，推动人类不断超越自我，追求更高的目标和理想。

八卦、传说、神明、神话和宗教概念的出现是人类独特的、复杂的精神世界和文化世界的体现。对精神世界的构建和发展使人类超越基本的生存需求，探索和理解自身存在的深层意义，追求自己的目标和理想，创造和分享自己的文化和价值观。这是人类的特性和优点，也是人类重要的角色和使命。

在人类历史的早期阶段，古代绝大多数人类部落有图腾崇拜现象。这表明图腾崇拜可能在人类的文化进化过程中起到了核心的作用。

"图腾"一词源于印第安语的 totem，其含义可以理解为"它的标记"或"它的亲属"。18 世纪人类学家在对北美印第安人部落的研究中首次发现并了解图腾崇拜。在印第安人的部落文化中，"图腾"是一种特别的符号或标志，代表一个特定的氏族。

部落中，人们通常将图腾视为氏族的祖先和守护神，因此，图腾也就成为氏族成员之间共享的特殊标记，象征着氏族成员之间的亲缘关系。这与现代社会中的姓氏有着相似性：就像我们的姓氏标识了我们的家族关系，图腾标记则强调了同一氏族成员之间的亲缘关系。

然而，图腾的含义远不止于此。它不仅标识了族群的身份，还承载了部落的历史和神话，是一种无言的历史书。每个图腾都拥有独特的象征意义，反映了族群的精神信仰和文化价值。同时，它也是一种力量的象征，被视为氏族的守护神，可以保护部落免受外界的威胁。

可以说，图腾崇拜是一种古老而复杂的社会现象，它既具有实用性，又富含象征意义，反映了古代人类对自然、社会和精神世界的深刻理解和独特诠释。通过图腾崇拜，我们可以窥见古代人的生活状态和思维方式，也可以反思我们自身的文化起源和人类社会的复杂性。

在人类古老的信仰体系中，太阳崇拜和鸟类崇拜堪称最早的两大崇拜形式，它们在很大程度上被视为一个不可分割的整体。这种融合主要源于人类原始的思维模式，那时候，人们常将天空中炽热耀眼的太阳视为一只正在飞翔的火鸟。

例如，图 6-2 所示的古蜀国的图腾——太阳鸟，就是这种信仰的典型体现。在古蜀国文化中，太阳鸟被赋予了神圣的象征意义，它既代表了炽热的太阳，又象征着高尚的精神和无尽的生命力。太阳鸟的形象反映了人们对太阳的敬仰和崇拜，同时也体现了人们对自然界和精神世界的深刻理解。

这种对太阳和鸟类的崇拜，不仅体现在图腾艺术中，也体现在神话、传说和民间习俗中。古代社会中，太阳多被视为神圣的象征，是温暖、光明和生命的源泉。同样，鸟类也被赋予了特殊的象征意义，它们既是天空的主宰，也是连接天地、人神的使者。

图 6-2　太阳鸟——古蜀国图腾

在这样的信仰体系中，太阳和鸟类的象征意义融为一体，形成了一种独特的宗教和文化表现，反映了人类对自然界和宇宙秩序的理解，也体现了人类对生命、精神和力量的崇敬。这种崇拜形式不仅塑造了人类的精神世界，也影响了人类的社会行为和文化创造。

太阳鸟这一形象曾经在全球范围内被广泛崇拜。这种普遍的象征意义跨越了地域、文化和时间的限制，太阳鸟虽被赋予了各种不同的名称和形象，但其核心含义和形式却惊人的相似。

在中国古代的神话传说中，鸾或雒被视为祥瑞的象征，体现了太阳的力量和辉煌。在日本神话中，天照大神就是太阳女神，她的形象与太阳鸟息息相关。在古埃及的神话中，赖鸟被视为太阳神的化身，象征太阳的重生和永恒。在古美洲的信仰中，雷鸟是一种强大的神灵，既代表天空和雷电，也象征太阳的力量。

古希腊神话中的克劳诺斯（后来称为宙斯）也有太阳鸟的属性，他被描绘为拥有金色羽毛的鸟。在古印度的神话中，迦娄罗鸟被视为太阳的使者和象征。在蒙古神话中，有一种叫作脱斡林勒鸟的动物，也是太阳的象征。

不仅在象征意义上，即便在语音上，世界各地对太阳鸟的称呼也惊人地相似，例如中国的"鸾"，古埃及的"赖"，古美洲的"雷"，古印度的"迦娄罗"，这些名称在发音上有相似性。

这些神话既展示了不同文化之间的共通性，也揭示了人类普遍的心理需求和认知。无论身在何处，人类都对太阳和鸟类产生了深深的崇敬之情，并赋予其神圣的象征意义，这种象征意义跨越地域和时间的限制，成为人类文化的共同遗产。这让我们对人类文化的共通性和多样性有了更深的认识，也让我们对人类自身本质和可能性有了更深的理解。

中国古代原始社会时期，图腾崇拜的习俗繁多且深入人心。不仅有各种动物，如虎、熊、貔貅等的图腾，还包括各种神秘生物的图腾象征。《史记》中记载的黄帝率领的驱虎、熊罴、貔貅等，很可能是古代氏族的图腾。黄帝被尊称为有熊氏，显示了他与熊的深厚联系。同样，舜的祖父被称为娇牛，诸侯被称为有蟜氏，这些传说都暗示着各种图腾的象征。

在先秦时期的史籍和儒家经典中，也可以找到关于图腾崇拜的痕迹。例如，《左传·昭公十七年》中，"大皞氏以龙纪，故为龙师而龙名"，揭示了一个将龙作为图腾的氏族。又如，"我高祖少睥挚之立也，凤鸟适至，故纪于鸟，为鸟师而鸟名"，讲述的是另一个将鸟作为图腾的氏族。《尚书·皋陶谟》中的"凤凰来仪"和"百兽率舞"，可以理解为许多以鸟兽为图腾的氏族共同拥戴舜为首领的场景。

原始人的图腾信仰与祖先崇拜相交融，原始人通常认为本氏族的人都源于某种特定的物种，这些物种大多是动物，与之有亲缘关系。在许多图腾神话中，人们认为自己的祖先源于某种动物或植物，或者与某种动物或植物有着亲缘关系，这些动物或植物因此被认作这个民族最古老的祖先，其被尊崇和祭祀的图腾形象也由此诞生。例如，"天命玄鸟，降而生商"（《史记》），这里的玄鸟就成为商朝的图腾。

原始社会图腾崇拜的习俗深入各个层面，成为人们生活中不可或缺的一部分，深深地影响了他们的日常生活和信仰体系，人们通过图腾认知世界，解释自然现象，塑造社会规则。

图腾往往代表氏族的力量、智慧和荣耀。它们被描绘在图画、雕塑、武器、装饰品上，成为族群认同的象征。同时，也赋予图腾特定的故事和传说，每个图腾都有它的起源、历史和意义，这些故事和传说在每个氏族中代代相传，成为独特的口头历史和文化记忆。

除此之外，图腾还在法律、道德和社会秩序的构建中扮演重要的角色。例如，许多部落相信，图腾是他们祖先的化身，因此他们必须尊重和保护图腾象征的动物或植物，这就形成了一种自然的环保意识和道德责任。同时，图腾还被用来标记领土，确定婚姻关系，解决社会冲突，在原始社会中发挥了司法治理功能。

随着人类社会的发展，尤其是农业、文字和国家的出现，图腾崇拜的习俗逐渐衰退。然而，这并不意味着图腾的影响消失了，事实上，许多现代的徽章、标志、品牌、艺术作品等都借鉴或引用了图腾的形象和元素。同时，许多现代的民族、宗教、文化还保留着图腾崇拜的痕迹，这反映了人类发展历史、传统和身份认同。虽然图腾崇拜的形式已经发生了变化，但它的精神和影响仍然存在。

6.2.3　缓解信息不平衡以促成稳定

智人作为社会性动物，社会合作对他们的生存和繁衍具有至关重要的意义。当智人遇到狮子或敌人时，信息不平衡可能会在智人部落中产生。例如，发现狮子或敌人的智人比未知此信息的其他智人拥有更多的信息，这种信息不平衡可能对部落的生存和安全构成威胁。为了消除这种信息不平衡，迅速准确地向其他智人传递这些关键信息至关重要。

在这个过程中，普通的通信方式可能会显得落后。相比于其他动物只能表达具体、直观的信息，智人具备更为复杂的语言表达能力，他们可以使用更抽象的概念和符号传递信息。例如，他们不仅可以说，"小心！狮子！"，还可以进一步描述狮子出现的地点、时间、行为等情况，甚至可以用"狮子是我们部落的守护神"等语言，引导部落成员对狮子产生敬畏而非恐惧的情绪。这种用语言创造和传递复杂信息的能力，对于智人的社会合作和生存策略来说是一种巨大的优势。

因此，可以看到，智人的语言和传说等文化元素的产生和发展，实际上是他们对社会合作需求的应答。通过语言和文化，智人可以迅速、有效地传递信息，消除信息的不平衡，协调社会的合作关系，提高生存和繁衍的效率。这也是为什么八卦、传说、神明、神话和宗教等文化元素在智人社会中扮演如此重要的角色，因为它们不仅是信息的载体，也是合作的工具和生存的策略。

在认知革命之前，人类社群尚处于一种粗糙、原始的状态。智人所能维护复杂关系的大致只有数十人。在这些小群体中，每个成员之间的交往和互动都建立在直接的人际联系和相互了解的基础上，这让他们能够建立起一种稳定且有序的社群。

当群体的规模超过了一定限度，变得庞大，便会引发一系列的问题。社会秩序开始摇摇欲坠，群体的稳定性开始减弱。在这种情况下，群体往往会产生分裂，分裂成一些小型的、相对独立的小群体。这是一种自然的调节机制，可以防止社群规模的无序扩张导致的混乱。

然而，规模上的限制引发了一个根本的问题：如何达成一致的社会规则？当面对诸如谁应该担任领导，谁应该先享用食物，谁应该和谁建立配偶关系等问题时，智人必须找到一种方式制定规则并接受规则。这是一个极为复杂的问题，因为它涉及权力、地位、权利和责任等一系列社会元素。这需要他们之间建立一种共识，接受并遵守一套公认的规则，以维护整个社群的稳定和秩序。

在认知革命之后，智人所获得的新的认知能力使他们能以前所未有的高效方式缓解信息不平衡，让他们能够灵活地进行数百万至数十亿人的大规模协作。这种能力的提升，标志着人类社会进入了一个全新的阶段。

智人现在有能力传递关于并不存在的事物的信息，例如，他们可以讲述有关部落精神、人权等抽象概念。这些都是无法直接观察或感知到的，但却在人类社会中起到了重要的作用。

　　这种能力使得大量陌生人之间的合作变成可能。在过去，人们需要通过直接的人际关系才能建立信任和合作，但现在，他们可以通过共享一个抽象的概念或故事达成共识和协作。这意味着人类社会的组织形式可以大大扩展，超越基于直接关系的小团体，发展成为大规模的、复杂的社会结构。

　　这种新的认知能力也推动了社会行为的快速创新。在过去，社会行为的改变需要经过漫长的时间和实践的积累，但现在，一种新的理念或概念可以迅速传播，引发社会行为的改变，极大地加速了社会的进步，使得人类的社会结构和行为模式可以迅速适应新的环境和挑战。

　　任何大型的人类群体，无论是国家、公司还是宗教，其稳固存在的基础都在于个体的共同信仰。共同信仰和认同的力量，可以将广大陌生人紧密地联结在一起，推动他们共同行动，塑造出强大的社会力量。

　　当今世界上，大约有25亿人坚信圣经中的创世纪故事，创世纪故事塑造了他们的信仰和生活方式，构建了庞大的宗教社区。另外，当全球数十亿人共同面对全球气候变化的威胁时，他们不分国籍、肤色或信仰，共同关注地球的未来并共担责任。

　　美元虽然本质上只是一种符号，但在数十亿陌生人中却拥有了实实在在的价值和功能。他们接受并信任这一符号的价值，因此，美元在全球范围内得以流通，支撑着庞大的经济体系。

　　这些都体现了集体想象力对于大规模人类群体的重要性。在这种力量的驱动下，人们能够超越现实的限制，建立起复杂而强大的社会结构。

　　这种协作能力源于人类大脑的独特构造，即在信息流的驱动下产生的结构，如同水流塑造出特殊的山谷地形，能量流造就了特殊的生命结构。这些特殊的结构有助于系统更为有效地缓解信息、能量和物质的不平衡。

　　大脑这种特殊的结构，使人类能够高效地处理和传递信息，通过共同的信念、知识和概念，维护大规模社会群体的稳定。智能在这个稳定过程中自然呈现。

　　人类的大脑就像一种独特的信息处理系统，可以编码、存储和解码复杂的信息流，使得人类能够跨越时间和空间的限制，理解并创造复杂的抽象概念，如信念、规则、象征，而且人类能够将这些抽象的概念共享给其他人，建立起集体的认知和理解。这是人类能够进行大规模协作的关键——人类可以通过共享的想象和信仰达成共识，从而建立起稳定的社会秩序。

　　因此，人类的智能不仅是个体的属性，也是群体的属性。它使人类能够在更大的规模上进行协作和创新，推动社会的发展和进步。这就是人类智能的独特之处，也是人类能够在这个世界上处于独一无二的地位的原因。

6.3　关于大脑的理论

　　研究智能机器的科学家希望借鉴并模仿人脑的工作方式，从而在计算机程序中复制人类的智能。他们的核心观点在于，大脑本质上是遵循物理定律运行的物质实体，而计算机作为一种强大的模拟工具，理论上可以模拟任何符合物理定律的事物。

　　为了实现这一目标，对大脑工作机制理论的理解至关重要。这需要科学家深入神经生物学、认知科学、心理学等多学科领域，揭示大脑处理信息、学习新知识、做出决策等一系列复杂的过程。

　　然而，将这些理论应用到计算机程序设计中却面临着巨大的挑战。首先，科学家需要将复杂的生物神经网络简化为可以在计算机上运行的模型。这需要精细的设计和大量的实验验证，以确保模型的准确性和高效性。此外，科学家还需要找到有效的算法，使计算机能够像人脑一样进行学习和决策。

　　而要在计算机中实现人类级别的智能，不仅需要对个体进行模仿，还需要考虑人类的社会性。人类智能的独特之处部分源于人类能够进行大规模的社会协作和集体学习。这意味着,智能机器的发展也需要考虑如何使机器在与其他机器,甚至与人类的交互中进行学习和决策。

模仿并复制人脑的智能是一项极具挑战性的工作。尽管我们拥有大量关于大脑和神经科学的经验数据,但构建全面理解大脑运作方式的全球性理论的进展相对缓慢。这是因为大脑的复杂性远超我们目前的理解范围,每种理论都只能解释其中的一部分现象。接下来的内容将介绍几种重要的理论,包括贝叶斯大脑假说、高效编码原理及自由能最小原理,它们从不同角度阐述了大脑的运作机制。

6.3.1　贝叶斯大脑假说

贝叶斯大脑假说是一种关于大脑运作方式的理论,它认为大脑在面对不确定性时,其处理方式类似于贝叶斯统计学的方法论[5]。由于所处的环境总是在不断地变化,无论是人类还是其他动物的大脑都必须在这个充满不确定性的世界中运作。因此,大脑需要有效地处理和解释这些不确定性,以便能够引导其做出正确的行动。

这个理论的核心观点在于,大脑构建了一个世界的模型,当感觉输入信号传入(如我们看到或听到某物)时,大脑并不是被动地接收这些信息,而是积极地解释和预测它们。在这个过程中,大脑使用一种概率模型生成预测,然后将这些预测与实际的感觉输入进行比较。

依据比较的结果,大脑会对世界模型进行更新。例如,如果预测与实际输入不符,那么大脑会根据这种差异调整世界模型,使其更好地适应真实环境。这是一个持续的反馈和学习的过程,让大脑能够适应不断变化的环境,并从经验中学习[6-7]。

扩展来看,贝叶斯大脑假说不仅解释了大脑如何处理不确定性,也为我们理解学习、决策等复杂的认知过程提供了框架。它提醒我们,大脑不是一个被动的信息处理器,而是一个积极的预测机器,不断地对世界进行预测、学习和适应。

18世纪,英国神学家、数学家、统计学家和哲学家托马斯·贝叶斯（Thomas Bayes）提出了一条简明却意义深远的定理——贝叶斯定理。虽然他在世时这一定理并未公之于众，但在他去世后，这一定理在各个领域都发挥出了深远而广泛的影响力。

贝叶斯定理的精妙之处在于，尽管其公式表述相当简洁，但其背后的含义却非常深远。它基于条件概率理论，描述了如何在得到新的证据后更新我们的信念。这种更新信念的方式被后来的科学家引申到各个领域，包括医学、物理学、工程学，甚至人工智能。

在当代认知科学中，贝叶斯定理更是成为引人注目的理论之一。这就是贝叶斯定理的魅力：一条简单的定理，激发了如此广泛而深远的科学探索。不论是在过去，还是在现在，甚至是未来，贝叶斯定理都将继续发挥其在解决问题、理解世界上的不确定性方面的巨大作用。

贝叶斯定理指出，有随机事件 A 和 B，在 B 发生的情况下 A 发生的可能性 $P(A|B)$ 等于在 A 发生的情况下 B 发生的可能性 $P(B|A)$ 乘以 A 发生的可能性 $P(A)$，再除以 B 发生的可能性 $P(B)$，即

$$P(A|B)=\frac{P(A)P(B|A)}{P(B)}$$

贝叶斯定理使得我们能够根据已知的相关事件发生的概率推算出某件事情发生的概率。

例如，早上起来一看天气是多云，想知道今天下雨的概率有多大。在这时就可以用贝叶斯定理计算。

假定提前已知：

（1）50% 的雨天的早上是多云的。

（2）但多云的早上其实挺多的（约 40% 的日子早上是多云的）。

（3）这个月以干旱为主（平均 30 天里一般只有 3 天会下雨，概率为 10%，不下雨的概率为 90%）。

那么，今天要下雨的概率是多少呢？

用"雨"来代表今天下雨，"云"来代表早上多云。

当早上多云时，当天会下雨的可能性是 $P(雨|云)$。

$$P(雨|云) = P(雨) \cdot P(云|雨)/P(云)$$

其中：$P($雨$)$是今天下雨的概率为10%；

$P($云$|$雨$)$是在下雨天早上有云的概率为50%；

$P($云$)$是早上多云的概率为40%。

基本的概率情况已经确定，剩下的就简单了。

$$P(\text{雨}|\text{云})=P(\text{雨})\cdot P(\text{云}|\text{雨})/P(\text{云})$$

$$P(\text{雨}|\text{云})=0.1\times0.5/0.4=0.125$$

所以今天下雨的概率是12.5%。

19世纪80年代，赫尔曼·冯·亥姆霍兹（Hermann von Helmholtz）的研究在实验心理学领域产生了深远的影响。他在探索大脑如何从感知数据中提取信息的过程中，揭示出大脑的工作方式实际上是根据概率估计进行建模的。简单地说，大脑需要通过一个内部模型组织和理解来自外部环境的感知数据。

为了支持这个被称为贝叶斯大脑假说的理论，后来的科学家们发展了一系列的数学工具和程序。举例来说，2004年，大卫·科尼尔（David C. Knill）和亚历山大·普杰（Alexandre Pouget）引用贝叶斯概率论，将感知阐述为一个基于内部模型的过程。这一理论强调，为了能够有效地利用感知信息做出准确的判断，并在现实世界中采取适当的行动，大脑必须在其感知和行动的计算中考虑并处理不确定的信息。

换言之，我们的大脑不仅是一个信息处理的装置，而且是一台推理机器，它能够根据其内部模型对外部世界主动进行解读和预测。它会在新的感觉输入到来时，用内部模型预测可能的结果，然后再根据这个预测指导我们的行为。这种处理信息的方式，也就是贝叶斯推理，为我们提供了理解和模拟大脑处理不确定性信息的一种有效方式。

在现代科技的背景下，贝叶斯大脑假说已经被广泛应用到智能机器的构建中，尤其是在机器学习算法的设计和实现上。这一理论提供了一种理解和模仿大脑处理不确定性信息的方式，为机器学习提供了一种有效的框架。借助这个框架，我们可以设计出能够从复杂的环境中学习并做出决策的机器，从而使机器更接近人类的思维方式。

接下来将更详细地探讨贝叶斯大脑假说在智能机器构建中的应用和影响。

6.3.2   高效编码原理

大脑的高效编码原理揭示了大脑在诸多约束中优化信息处理方式的机制。根据这个原理，大脑在感知信息与其内部模型之间的互信息上寻求最优化，这就需要在解析和理解来自感知信息时，最大限度地提高效率[8]。

要理解这个原理，首先需要了解什么是"互信息"。在信息理论中，互信息衡量两个随机变量之间的信息相关性，也就是说，它衡量了解一个变量能够在多大程度上减少另一个变量的不确定性。这是一种量化不确定性的方式，能够帮助了解一组数据中各个变量之间的相互关系。

在大脑高效编码原理的语境中，这两个随机变量分别是接收到的感知信息和大脑的内部模型。大脑通过优化二者之间的互信息，以最有效地处理和解释来自外部世界的信息。具体来说，这意味着大脑需要通过调整其内部模型，以使得对于给定的感知输入，最大限度地减少输出行为的不确定性。

这个原理有助于理解大脑如何有效地处理复杂的感知信息，并在此基础上做出决策。它强调大脑处理感知信息时的效率，以及大脑如何通过优化信息的处理过程指导行为。

这一原理也启发我们优化设计和构建智能机器的方法。通过模仿大脑的高效编码方式，可以设计出能够在接收到大量输入数据时，有效地处理信息并做出决策的机器学习算法。这种理论框架能够帮助我们更好地理解和模拟大脑的工作机制，从而设计出更符合人类思维方式的智能机器。

简单地说，高效编码原理主张大脑和神经系统应以最有效、最经济的方式编码和处理感知信息。这一原则在神经生物学领域有广泛的应用，并为理解神经元如何响应各种刺激提供了理论基础[9-11]。

这一原理已被广泛应用于神经生物学领域，例如，它可以预测观

113

察到的感觉感受野的经验特征，这是神经科学家用来描述神经元对某种特定刺激（如光线或声音）的响应模式的概念。

高效编码原理也为解释视觉层次结构中的稀疏编码和处理流的分离提供了基础。在视觉系统中，信息被编码和处理的方式是层次化的，这意味着在不同的处理层级，神经元会对不同类型的视觉信息进行编码。稀疏编码是一种让少数神经元响应某种特定刺激的方式，这种方式使得信息处理更为高效。处理流的分离则是指大脑在处理视觉信息时，会将不同的视觉属性（如颜色、形状、运动等）分开处理。

此外，高效编码原理还被扩展到对动力学和运动轨迹的理解，甚至被用来推测神经元处理信息的代谢约束。这意味着这一原理不仅可以帮助理解神经元如何编码静态的感知信息，还能帮助理解神经元如何处理动态信息，如运动物体的轨迹。同样，它也能帮助我们理解神经元在处理信息时如何被其能量消耗所限制。

总体来说，高效编码原理提供了一个强大的框架，帮助我们理解神经系统是如何以高效、经济的方式处理感知信息的。这一理解不仅能帮助我们深入理解大脑的工作机制，也为设计和构建更符合人类思维方式的智能机器提供了理论指导。

6.3.3　神经达尔文主义

神经达尔文主义是一种深刻且具有创新性的观点，它采用达尔文的自然选择理论，巧妙地探索神经元集合的形成与发展。该理论提出神经元集合的出现和发展受选择压力的影响，并以此理解和解释神经元的组织和行为[12]。

神经达尔文主义的独特之处在于，它将多个不同的选择过程互相嵌套在一起。这意味着该理论并不是简单地考虑单一的选择单元，而是采用一种更复杂、更高阶的选择过程——元选择，强调选择过程的层次性和多样性。

在神经达尔文主义的视角中，神经元的"价值"并非单纯地通过自身的属性或行为确定，而是在选择过程中形成的。具体地说，神经元的价值是通过选择性地考虑它们对适应性刺激的反应，以及它们与其他神经元之间的关联赋予的。换句话说，这些神经元的组合和交互方式在进化过程中被赋予了价值（即适应性适应度）。

而这个过程中的选择压力，即自然选择的作用，不仅影响了神经元个体，也塑造了神经元的整体价值系统。换句话说，神经元价值系统的形成和发展本身也是受到选择压力影响的。这提供了一种新颖的理解大脑结构和功能的进化的视角，为理解大脑的复杂性提供了新的线索。

神经达尔文主义从独特的视角解释神经元如何在自然选择的压力下形成复杂的网络和行为模式。它不仅为我们理解大脑的工作机制提供了重要的理论工具，也为设计和构建更自然、更符合人类思维方式的智能机器提供了启示。

神经达尔文主义的观点，尤其是关于价值依赖性学习的部分，对强化学习（机器学习领域的一个关键子领域）产生了深远的影响。强化学习关注的是智能体如何在其所处的环境中制定出一套行动策略，以最大限度地提高其长期累积奖励。这种学习模式是机器学习的三大基本模式之一，与监督学习和非监督学习相得益彰。

强化学习具有非凡的实用价值，因为它的目标是让机器自我学习并优化决策过程，逐步提高执行任务的效果。这是一种自我进化和自我改善的过程，正如生物体在进化过程中适应环境变化一样，强化学习算法也可以在任务环境中自我适应并改进自身性能。

强化学习的实力在许多情况下已得到证实，著名的一个例子就是 AlphaGo，这是一款由 Google DeepMind 公司开发的计算机程序，它利用强化学习的原理成功地在围棋比赛中打败了世界顶级的人类选手。AlphaGo 的成功表明，通过运用强化学习原理，机器有能力在复杂的决策环境中独立学习，并取得令人瞩目的成就。

OpenAI 的 ChatGPT 在模型训练中使用了一种被称为"基于人类反馈的强化学习"的方法，其核心是使用人类的反馈指导和优化模型的行为，使其更好地适应用户的需求和期望。

首先，模型会进行大规模的预训练，学习大量的文本数据，形成一个基础的语言模型。然后，模型会进入微调阶段，这时，人工评估员的角色就显得尤为重要。他们不仅为模型提供目标响应，还会根据模型的表现提供质量评分，这就是人类的反馈。人工评估员的反馈不仅包括模型的错误、无用或荒谬的输出，还包括模型成功和合理的回应。这样的反馈使得模型能够学习预测人类是否会认为它的回应是有用的。此外，模型在微调阶段还会利用已经训练过的模型生成的建议帮助自己构造回应。

接下来，基于这些带有评分的对话样本，模型会学习一个概率模型，称为"奖励模型"。奖励模型可以预测在特定的上下文中，给定的模型回应将会得到怎样的人类评分。为了创建这个奖励模型，需要收集比较数据，比较数据包含两个或更多由人工评估员按质量排序的模型回应。通过这些奖励模型，可以使用一种被称为"近端策略优化"（Proximal Policy Optimization）的强化学习技术微调模型。

基于人类反馈的强化学习帮助 ChatGPT 产生了更合理、更自然的回应，使其在处理多样化的对话任务上表现出更好的效果。例如，它可以更准确地理解用户的指示，更有效地生成相关的回应，更好地表达复杂的思想，以及更贴近人类的语言习惯。

后面的章节将更加详细地讨论强化学习的内容并进一步探索强化学习的理论框架、实践应用，以及它如何揭示人类大脑和机器学习系统中的学习和决策过程。

6.3.4　自由能最小原理

伦敦大学学院的英国神经科学家卡尔·弗里斯顿（Karl Friston）是脑成像领域的领军人物。他对神经科学的贡献很大，尤其是他提出的大脑自由能最小原理，更是引发了广泛的关注和深入的研究[15]。

弗里斯顿博士不仅是一位卓越的神经科学家，而且是一位创新者和开拓者。他开发了一种领先的技术，以处理和解析大脑成像研究的复杂数据。这种技术能够揭示大脑皮层活动的模式，以及不同皮层区域间的相互关系，为理解大脑的工作方式提供了一种新的、强大的工具。

在此基础上，弗里斯顿博士提出了大脑的自由能最小原理，这是一种试图从热力学角度完美解释大脑如何运作的理论。这一理论挑战了人类传统的思维方式，使我们以新的视角更深入地理解大脑的结构和功能。

根据自由能最小原理，大脑的行为和决策可以被看作一种力图最小化自由能（衡量系统不确定性和混乱度的物理量）的过程。这一理论为我们理解大脑如何处理信息、如何做出决策，以及如何适应环境变化提供了新的框架。

弗里斯顿博士的贡献是巨大的，他的研究不仅在脑成像领域产生了深远影响，自由能最小原理更是开启了理解大脑工作机理的新篇章。

自由能最小原理是物理学的一项基本原则，第4章对其进行过一定的讨论。简单来说，这个原理认为，任何自组织系统在达到平衡状态时，会趋向自由能最小的状态。

那么，什么是自由能呢？自由能是热力学中的一个重要概念，它在某种程度上描述了系统的"有用能量"[16]。更具体地说，自由能是指在一次热力学过程中，系统内能中可以转换为对外做功的部分。换句话说，自由能反映了一个系统在一次特定的热力学过程中可以输出到外部的有效能量。

下面通过一个简单的例子解释自由能最小原理：想象一杯热茶放在桌子上。随着时间的流逝，茶的温度会下降，这是因为茶与周围环境发生了热量交换。在热量交换过程中，茶的自由能在不断减小。当茶的温度降至与周围环境相同时，即达到平衡状态，它的自由能达到最小。在这个状态下，系统的熵（衡量混乱程度或无序程度的物理量）达到最大。这个例子说明了自由能最小原理的含义：在热力学第二定律的作用下，系统会通过与外界环境的相互作用，自然地趋向自由能最小的状态。

大脑认知系统的学习过程可以被理解为遵循自由能最小原理。如果将大脑比作前面提到的那杯茶，那么就可以在一定程度上理解这个原理是如何运作的。

首先考虑大脑与外部环境的互动。就像热茶通过热交换与周围环境互动一样,大脑也通过感官(如眼睛和耳朵)与外部环境进行交互。这个过程中,大脑接收并处理来自外部环境的信息,这就类似于茶的温度逐渐降低并趋于室温。

然而,大脑的工作并不仅是被动地接收信息,它也在不断地预测和解释信息,以便更好地理解和适应环境。这一点可以被看作大脑的"自由能"的降低:通过理解和预测环境,大脑在减少其对环境的不确定性或"混乱度",即它正在使自己的熵最大化。

此外,大脑也通过行为反应对环境进行影响。这可以被看作大脑试图将自己的"内部温度"(即对环境的理解和预测)与"外部温度"(即实际环境)调和的过程。

大脑的认知系统可以被看作一个自组织系统,它通过与环境的信息交互、学习和预测,以及行为反应,达到与环境相协调的状态。这个过程就是遵循自由能最小原理的体现,它有助于我们理解大脑如何处理信息、学习和做出决策。

在大脑的自由能最小原理中,学习的状态就是通过不断调整行为得到符合大脑预期的感知状态,使得大脑内部的状态能够更加准确地匹配外部环境的变化,尽量避免出现没有预期到的状况。这两部分合在一起使得大脑的自由能最小。这个原理的威力是巨大的,它可以告诉你为什么看到很多你想看到的,尽管你平时从未感觉到。

自由能最小原理意在构建一个全面统一的理论框架。它不仅整合了有关大脑的各种理论,而且力图在一个共同的理论平台上揭示感知、学习和行动等关键认知过程的共性。

这一原理纳入大量现有的神经科学理论,旨在通过统一的视角解读大脑的复杂功能。无论是感知环境的信息,还是通过学习对信息进行解读和预测,抑或是根据这些信息决定行动,这一原理都试图找到它们背后的共同机制[17]。

这一原理的推动力源于生物系统的独特属性,即在面对持续变化的环境时维持自身的状态和形态。如果从大脑的视角出发,环境则包含外部环境和内部环境。这一原理本质上是一个数学表达,描述了大脑如何对抗自然界的混乱倾向。为了达到这一目标，大脑需要尽可能降低其自由能。在这个理论中，自由能被视为"惊喜"（surprise）的上限[18]，这也就意味着通过最小化自由能，大脑在隐式地尽力减小"惊喜"的程度。这里，"惊喜"指的是发生概率极低的事件，比如在酷热的夏天下雪，就是一种"惊喜"。

一个"惊喜"会引发环境与大脑内部模型之间的信息失衡。例如，在大脑的内部模型中，"酷热的夏天下起雪来"被视为极为罕见的事件，如果这样的事件真的发生，那么就会出现信息的不平衡，使系统进入不稳定状态。

在信息不平衡的情况下如何让系统变得稳定？答案是最小化自由能。有两种方式最小化自由能：动作（改变信息源）和更新（通过更新神经元连接和权重改变内部模型），如图 6-3 所示。

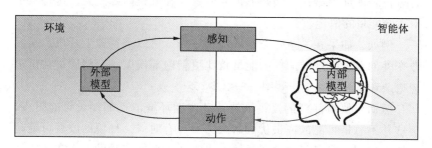

图 6-3　大脑的自由能最小原理

从图 6-3 中可以看出，认知模型主要有两个：一是通过感知获取的外部世界状态的外部模型，二是大脑在认知过程中不断更新的内部模型。这个内部模型持续预测每次感知到的外部世界的状态及未来的变化，而行为则趋向于那些有助于生存的结果。学习的目的在于使内部模型的预测更加精确，并使行为决策对生存更有利。

内部模型是大脑对外部环境的预测，这种预测基于过去的经验和当前的感知信息。这个预测模型帮助我们理解和解释环境变化，并预测未来可能发生的情况。这就是为什么我们可以在一些情况下预见到可能发生的事情，并采取行动或优化结果以防止潜在的危险。

行为决策过程则是根据内部模型选择最佳的行动路径。如果我们的内部模型预测准确，行为决策往往会引导我们获得积极的结果，促进我们的生存和繁荣。相反，如果我们的内部模型预测不准确，行为决策可能会不理想甚至导致有害的结果。

因此，持续的学习和模型更新对于生存和成功至关重要。通过观察环境和反馈，我们可以不断调整和优化内部模型，使其更准确地反映外部世界的真实情况，这样我们的行为决策也会更准确，从而获取对生存有利的结果[19]。

如前所述，大脑所需的能量约占身体所需能量的25%。相比较而言，采取行动改变信息源所消耗的能量通常要少于更新内部模型所需的能量。这种能量消耗的差异解释了为什么人们倾向于直接改变环境，而不是修改内部模型。具体来说，如果能通过行动改变外部环境，使之更符合内部模型，大脑则不再需要修正和调整内部模型，这将减少对大脑能量的消耗。

例如，如果在一个嘈杂的环境中工作，可以选择戴上耳机，从而改变外部环境，这样消耗的能量将比更新内部模型——即通过尝试适应嘈杂环境而提高工作效率——更少。

然而，值得注意的是，虽然行动改变环境消耗的能量可能更少，但这并不总是可能的或最优的解决方案。有时候，环境的改变可能超出控制范围，或者行动改变环境可能需要更多的能量消耗。在这些情况下，更新和优化内部模型就成为必要的选择。通过学习和适应，可以使内部模型更准确地预测和解释环境变化，从而更有效地进行决策和行动，尽管这可能需要更多的能量消耗。

6.4 信息过载与信息茧房

过去由于互联网技术和手机的应用不普及，获取信息比较难，信息变得稀缺。在这种情况下，改变信息源的行动并不是理想选择，因为信息的获取和传递都面临巨大阻碍。相反，通过更新大脑的内部模型，以最小化自由能，使得大脑系统保持稳定，就成为可行性选择。

过去人们主要依赖直接的体验、亲人和朋友的口耳相传，甚至公共场所的公告获取信息。在那个信息稀缺的时代，人们的决策主要基于有限的个人经验和地域性的普遍认知。

如今，随着互联网和移动设备的普及，信息变得触手可及。我们的手机中装载着各种应用，微信订阅了数十甚至上百个公众号。信息如同洪水般涌入，让我们感到应接不暇。科技的快速发展使得信息呈几何级数增长，且其增长周期正在持续缩短。据报告，在过去的 30 年中，人类生产的信息已经超过了过去 5000 年生产的信息总和。

信息海洋在带给我们便利的同时，也带来了新的挑战。如何从海量的信息中筛选出对自己有用的信息，成为一个重要的技能。此外，大量的信息会导致信息过载，使我们产生压力和焦虑情绪，无法专注于当下的事情，可能引发信息过剩而引起的信息灾变 [20,21]。

6.1 节曾经讨论过，人类的祖先为了处理比其他动物更复杂、更繁多的信息，进化出了独特的大脑新皮质。大脑新皮质是我们智慧、创新和复杂思维的源泉。然而，就算有了这样的进化优势，在当今信息爆炸的时代，我们的大脑新皮质仍面临着巨大压力，有时显得力不从心。

当信息海量涌入，大脑需要进行大量处理、分类、理解和记忆，这无疑给大脑带来巨大负担。此外，过多的信息也可能引发焦虑和压力情绪，影响决策能力和心理健康。在这种情况下，如何使大脑系统保持稳定和高效运行呢？

一个可行的策略是改变信息源。相较于改变大脑的内部模型，这个方法相对容易实现，也更有效率。

如今的信息推送现象广泛利用基于"推送"的推荐算法，这些算法已经渗透到几乎所有的互联网产品，如抖音、浏览器、照片应用等中。这些互联网产品会通过收集人们的浏览历史、点赞、推文以及评论等数据，推导出大脑的内部模型，从而为其推荐更符合其喜好的信息。

脸书曾经指出："动态消息的目标是向人们展示与他们最相关的故事。"如果某人曾浏览过疫苗阴谋论相关的文章，或者经常点赞和评论与疫苗阴谋论相关的推文，那么推荐算法会推导出在其大脑的内部模型中，其有相信疫苗阴谋论的倾向。基于这个推导，它们会向其推荐更多关于疫苗阴谋论的信息。

通过这种方式，推荐算法促成信息源与人们大脑内部模型之间的信息平衡，因此人们在网络上不太可能接收到预期之外的信息，即所谓的"惊喜"。信息的一致性和符合预期性通常能让人们感到愉悦和舒适，因为他们的大脑不需要投入太多的精力处理和消化不符合预期的信息。

推荐系统的运行方式在一定程度上改变了人们获取和处理信息的方式。过去人们需要主动搜索和筛选信息，而现在人们可以依赖推荐系统帮助自己找到感兴趣的信息。然而，这也带来了一些问题，如信息泡泡效应，它可能使人们的视野变得狭窄，只关注那些符合其现有观点和偏好的信息，而忽视其他可能重要和有价值的信息。

基于推送的推荐算法的使用导致了"信息茧房"现象。"信息茧房"概念是由哈佛大学法学院的教授凯斯·桑斯坦（Cass Sunstein）于 2006 年在其著作 *Infotopia: How Many Minds Produce* 中提出的。"信息茧房"描述的是当前互联网环境中的一个普遍现象：人们在面对互联网上的海量信息时，通常只看到、接触到那些他们想看、愿意看的信息，而忽视其他类型的信息。

推荐算法扮演了关键的角色。它们基于用户的浏览历史、搜索行为、点赞和评论等信息，创建出用户的兴趣模型，然后根据这个模型向用户推送相关的信息。这种算法的使用，使用户能够很方便地获取到他们感兴趣的信息，但同时也可能导致他们的视野变得狭窄，因为他们总是接触到那些符合他们现有兴趣和观点的信息，而错过其他可能有价值、有挑战或有启发性的信息。

这种现象就像蚕为自己结茧一样，用户在互联网的海量信息中构建了一个自己的小茧房，只关注自己喜欢、令自己舒适的信息，避免那些可能对自己的观点产生挑战或冲击的信息。这种"信息茧房"现象，可能会影响用户的多样性思维和批判性思维能力，甚至可能影响社会的公共话语和民主决策过程[22]。

早在 19 世纪，法国思想家亚历西斯·托克维尔（Alexis de Tocqueville）就警示过，民主社会的天然属性会推动个人主义的形成，且这个趋势会随着身份平等的推进而扩大。他预见到了今天被称为"信息茧房"的现象。

根据哈佛大学法学院教授凯斯·桑斯坦的观察，互联网已经构建了一个人们可以选择听见或看到什么的"通信世界"。在这个世界中，人们倾向于选择让他们感到舒服的信息，尤其是与他们自己的观点和兴趣相吻合的信息。桑斯坦在他的著作中引用了麻省理工学院教授尼古拉斯·内格罗蓬特（预言了"个人日报"的出现）的观点：这是一份完全根据个人兴趣和观点定制的报纸，每个人都可以在其中挑选他们感兴趣的内容。

但是，这种"个性化"的信息获取方式带来的一个显而易见的问题是，人们很可能只关注那些他们感兴趣的信息，而忽视其他可能有价值或有启发性的信息，这会使他们的视野逐渐变得狭窄。对于普通公众来说，"信息茧房"现象既有利也有弊。一方面，它能帮助公众更快、更方便地获取需要的信息；另一方面，它可能使公众陷入信息舒适区，难以接触到不同的观点和新的信息。长期下去，会影响社会的公共话语和民主决策过程，甚至在商业和社会层面产生不良后果[23]。

凯斯·桑斯坦在他的著作中生动描绘了"个人日报"的概念。在网络高度发达、信息泛滥的时代，人们有足够的自由度在广袤的信息海洋中筛选关注的主题，甚至能够根据个人偏好自行定制自己的新闻和杂志阅读内容。每个人都有可能打造出一份完全符合自己兴趣和需求的"个人日报"。

然而，这种"个人日报"式的信息筛选方式却可能形成"信息茧房"。当人们长久沉浸在自己构建的信息环境中，他们的生活往往会显现出一种固定模式，或者说程式化的趋势。由于长时间处于自我选择的过度满足状态，沉溺于"个人日报"带来的信息满足感，人们可能会失去了解和接触不同观点、新知识、新事物的机会和能力。在无意识的状态下，人们为自己建造了一座封闭的"信息茧房"。"信息茧房"并非终点，而只是一个中间结果，然而，它将对信息政策、民主进程、经济环境、娱乐及生活方式等众多领域产生深远而复杂的影响。这些影响既可能是积极的，也可能是消极的。

首先，生活在"信息茧房"中的公众可能难于对问题进行全面的思考。他们被自己的"信息茧房"限制，思想和见解都会受到接触的信息类型和内容的影响。由于他们被自身的既有观点束缚，而这些观点将逐渐变得根深蒂固，难以改变，因此，他们可能无法从不同的角度或以全新的思维方式看待问题，这将在一定程度上限制他们的认知能力和创新能力。

其次，由于每个人都生活在自己的"信息茧房"中，这可能导致社会的分裂和隔离。人们在思想、兴趣和观念上的分歧可能会加剧，思想的狭隘性会带来各种误解和偏见，从而导致社会冲突和紧张局势。

再次，公众在面对海量信息时，必须做出选择。如果每个人都只关注自己喜欢的信息，那么他们看到的将只是他们期望看到的世界，而非真实的、多元的世界。他们可能会忽视一些重要的问题或事件，甚至会形成一种偏离现实的世界观。

最后，长期生活在"信息茧房"中，会使人们产生一些不良心理状态，如盲目自信、思想狭隘等。他们可能会将自己的观点当作唯一的真理，排斥其他的观点。这会使他们更加偏执，思想逐渐变得极端。当这种极端思想得到同样思想观念的群体的认同后，可能会演化为更极端的行为。当他们的个人诉求无法得到满足，或者事态发展不如预期时，他们可能会在生活中采取一些极端的行为，如犯罪、自残等。这种偏执的思维和行为会给他们自己、社群，甚至整个社会带来严重后果。

例如，在政治层面，"信息茧房"可能加剧政治极化，使得不同政治观念的群体之间的对话和交流变得更为困难。这种极化可能影响政策制定，使得制定出来的政策更容易偏离公众的真实需求。

在经济领域，"信息茧房"可能会对消费行为产生影响。消费者会因为只接触到与自己观点相符的信息而忽视其他可能的选择，使消费者在消费决策上出现偏差。

在社交媒体和娱乐领域，"信息茧房"可能会加剧群体之间的隔阂。由于每个人只关注自己感兴趣的内容，他们可能无法理解和接纳其他人的兴趣和观点，使社交媒体上的交流和分享变得更为困难。

在生活方式方面，"信息茧房"可能会影响人们的生活品质。人们会陷入自我满足的状态，排斥新的思想和生活方式，使自己失去探索和创新的动力，从而限制个人的成长和发展。

在互联网技术的热潮席卷全球之前，独特的新皮质使人类的大脑成为地球上最佳的信息处理器。人类的大脑被赋予了无与伦比的能力，比任何其他已知的生物都能更有效地处理、解析并理解复杂的信息流。然而，如今互联网时代的信息爆炸，令人类的大脑面临前所未有的挑战。

在某种程度上，互联网改变了人们的生活方式，使得信息的获取和交流变得更加便捷。然而，随着信息量的激增，人们开始面临信息过载的问题。大量的信息涌入，使人们在处理信息和决策时感到困难，甚至会引发压力和焦虑情绪。此外，虚假信息在互联网上的泛滥，这些不实的信息可以轻易地操控人们的信念，影响人们的决策，对个人、商业甚至整个社会造成重大影响。

在这种新的后互联网环境中，人类的大脑显然需要进一步进化和发展。理想情况下，人类大脑会形成一种新的结构，例如新增一层大脑皮质，以帮助更有效地处理海量的信息。然而，生物进化的速度远不及周围环境的变化速度，这就是为什么伟大的物理学家斯蒂芬·霍金曾经如此悲观地表示："人类因为生物进化的速度过于缓慢，无法与时代的变化步伐相匹配，最终可能被取代。"

我们正面临一个巨大的挑战，就像我们的祖先一样，有两个选择：适应或灭亡。我们可以选择接受这个新的信息世界，并尝试找到新的方法处理和理解信息。或者，我们可以选择坚守当前的生活方式，但这可能会使我们在这个快速变化的世界中失去竞争力。不论选择哪条路，一切都取决于我们的智慧和勇气，以及我们对未来的信心和期待。

参考文献

[1] JACKSON T, The brain: an illustrated history of neuroscience [M]. New York: Shelter Harbor Press, 2015.

[2] KURZWEIL R. How to create a mind: The secret of human thought revealed [M]. New York: Viking Press, 2012.

[3] MOUNTCASTLE V B. An organizing principle for cerebral function: The unit module and the distributed system [M]. Cambridge: MIT Press, 1978.

[4] HARARI Y N. Sapiens: A brief history of humankind [M]. New York: HarperCollins 2014.

[5] KNILL D C, POUGET A. The Bayesian brain: The role of uncertainty in neural coding and computation [J]. Trends in Neurosciences, 2004, 27(12): 712-719.

[6] GREGORY R L. Perceptions as hypotheses [J]. Philosophical Transactions of the Royal Society of London. Series B, Biological Sciences, 1980, 290(1038): 181-197.

[7] KERSTEN D, MAMASSIAN P, YUILLE A. Object perception as Bayesian inference [J]. Annual Review of Psychology, 2004, 55: 271-304.

[8] LINSKER R. Perceptual neural organization: some approaches based on network models and information theory [J]. Annual Review of Neuroscience, 1990, 13(1): 257.

[9] SIMONCELLI E P, OLSHAUSEN B A. Natural image statistics and neural representation [J]. Annual Review of Neuroscience, 2001, 24(1): 1193-1216.

[10] LAUGHLIN S B. Efficiency and complexity in neural coding [J]. Novartis Foundation symposium, 2001, 239: 177-187.

[11] MONTAGUE P R, DAYAN P, PERSON C, et al. Bee foraging in uncertain environments using predictive Hebbian learning [J]. Nature, 1995: 725-728.

[12] SCHULTZ W. Predictive reward signal of dopamine neurons [J]. Journal of Neurophysiol, 1998, 80: 1-27.

[13] BELLMAN R. On the theory of dynamic programming [M]. Catonsville: INFORMS, 1956.

[14] SUTTON R S, BARTO A G. Toward a modern theory of adaptive networks: expectation and prediction [J]. Psychological Review, 1981, 88(2): 135.

[15] FRISTON K, KILNER J, HARRISON L. A free energy principle for the brain [J]. Journal of Physiol Paris, 2006, 100(1-3): 70-87.

[16] MORAN M J, SHAPIRO H N, BOETTNER D D, et al. Fundamentals of engineering thermodynamics [M]. 8th ed. Hoboken: Wiley, 2014.

[17] FRISTON K. The free-energy principle: A unified brain theory? [J]. Nature Reviews Neuroscience, 2010, 11(2): 127.

[18] ITTI L, BALDI P. Bayesian surprise attracts human attention [J]. Vision Research, 2009, 49(10): 1295-1306.

[19] FRISTON K, JEAN D, KIEBEL S J, et al. Reinforcement learning or active inference? [J]. PLOS ONE, 2009, 4(7): 1-13.

[20] ZHANG X S, ZHANG X, KAPARTHI P. Combat information overload problem in social networks with intelligent information-sharing and response mechanisms [J]. IEEE Transactions on Computational Social Systems, 2020, 7(4): 924-939.

[21] CARTER M, TSIKERDEKIS M, ZEADALLY S. Approaches for fake content detection: Strengths and weaknesses to adversarial attacks [J]. IEEE Internet Computing, 2021, 25(2): 73-83.

[22] SUNSTEIN C R, Infotopia: how many minds produce knowledge [M]. Oxford: Oxford University Press, 2008.

[23] NEGROPONTE N. Being digital [M]. New York: Vintage Books, 1996.

第 7 章

机器的智能

如果一台计算机可以欺骗人类，让人类相信它也是人类，那么它就应该被认为是有智能的。

——阿兰·图灵（Alan Turing）

机器智能是人类需要做出的最后一项发明。

——尼克·博斯特罗姆（Nick Bostrom）

人类构建智能机器的想法由来已久，我们可以在神话中找到关于机器人和无生命物体"活了"的故事。很多哲学家都曾探讨过机器人、人造生命和其他各种自动机器的概念，无论它们是已经存在，还是只是以某种假设的方式存在。在人类发展的历史长河中，通过让机器模拟人类的行为，使其获得人类的智能，这一目标一直是人类的追求。

数字计算机的出现，让智能机器的潜力得以显著放大。从计算机的原始模型，到现在人们日常生活中经常接触到的各种智能设备，智能机器变得越来越强大。在这一发展过程中，以 ChatGPT 为代表的人工智能技术的浪潮席卷全球，它们的出现为人们的生活带来了深远的影响。

本章首先简要回顾智能机器的历史，探讨一些关键的事件、技术流派及重要的算法，然后讨论智能机器的未来发展，因为智能机器不仅影响着人们生活的各个方面，也在塑造人们对世界的看法。

7.1　1950 年之前的智能机器

在人类发展的历史中，无论是神学家、作家、数学家，还是哲学家，他们对机械技术、计算机和数字系统的深入思考都推动了人工智能的发展。他们的思想探索不仅丰富了人们对机械和智能的认知，而且为我们将非人类的机械转化成拥有人类智能的实体提供了基础。

18 世纪 70 年代初期，乔纳森·斯威夫特（Jonathan Swift）在他的著名小说《格列佛游记》（*Gulliver's Travels*）中描绘了一种名为"引擎"的设备，这种设备可以说是现代智能计算机的最早的象征性描述。这种"引擎"被设计为提升知识和机械操作的工具，使得没有才华的人也能通过它显现出才华。斯威夫特的这一设想，是对今日人们使用计算机和人工智能技术提升自身能力和解决问题的早期预见。

斯威夫特提出"引擎"的概念，实质上揭示了一个根本的规律，即通过技术进步，人类可以利用机器扩大自己的能力和知识。这一规律至今仍然是推动人工智能发展的基本原则，不仅在人们的生活中有所体现，也在科研领域中引导着人们的探索和发现。

在人工智能的历史中，1921 年是一个标志性的年份。这一年，捷克剧作家卡雷尔·恰佩克（Karel Čapek）在他的科幻剧《罗森的通用机器人》（*Rossum's Universal Robots*）中首次引入了"机器人"一词。在这部剧中，工厂制造的仿生人被称为机器人，预见了未来机器人的可能性。

在这部剧中不仅首次定义了机器人的概念，也预示了人们对人工智能的理解。恰佩克的作品激发了人们对人造机器人的想象，从而使"机器人"概念被广泛使用。人们开始将"机器人"概念融入学习、研究和开发中，形成了今天我们看到的各种机器人技术。

恰佩克的贡献不仅在于引入了"机器人"概念，更重要的是他为人们描绘了一个未来的蓝图——机器人可以像人一样工作，甚至拥有感情和自我意识。他的设想至今仍然对人们理解人工智能，以及如何设计和使用机器人有着深远的影响。

1927 年，弗里茨·朗（Fritz Lang）执导科幻电影《大都会》（*Metropolis*），观众首次在银幕上看到了机器人的形象。这部电影中的机器人女孩带来的是混乱和破坏，她攻击了小镇，对未来派的柏林造成了严重破坏。这个机器人的形象虽然在观众心中留下了深刻的印象，但也进一步加深了人们对于机器人的恐惧和担忧。

然而，《大都会》的影响力不仅限于此。这部电影中的机器人形象为后来的许多科幻作品中的机器人角色的创作提供了灵感，如《星球大战》中的 C-3PO。虽然是机器人，但它们的特性和行为却很人性化，使人们开始重新考虑机器人在社会中的地位和作用。

《大都会》不仅改变了人们对机器人的认知，也让人们看到了人工智能可能带来的影响。它揭示了机器人可能对社会结构产生的深远影响，同时也预示了机器人和人工智能对未来的重要性。作为重要科幻电影，《大都会》在人们对人工智能的理解和接受过程中起到了关键的作用。

1929 年，日本生物学家西村诚制造了日本的第一台机器人，名为 Gakutensoku，意为"学习自然法则"。这台机器人的设计和功能在当时堪称创新。Gakutensoku 不仅可以移动头部和手部，还可以改变面部表情，如图 7-1 所示。这些细致入微的动作展现了西村诚对于机器人技术的深刻理解和独特见解。Gakutensoku 的设计显示出西村诚预见了未来机器人的发展方向，即机器人不仅应该能够执行复杂的任务，也应该能够在社交环境中有效地与人类交互。

图 7-1　日本生物学家西村诚于 1929 年制造的第一台机器人 Gakutensoku

物理学家约翰·文森特·阿塔纳索夫（John Vincent Atanasoff）和他的研究生克利福德·贝瑞（Clifford Berry）在爱荷华州立大学创建了一台名为 Atanasoff-Berry Computer（ABC）的计算机。这台计算机具有卓越的计算能力，在当时是一大创新。

ABC 计算机的功能非常强大，它可以解决高达 29 个联立线性方程。尽管它的重量超过 317.5kg，但这并没有阻止它在计算能力和效率方面的突破。ABC 计算机的设计和制造显示了在当时的科技领域中，机器和电子设备的潜力。

ABC 计算机的出现是计算机科学和技术发展的一个重要里程碑。它的诞生预示了将来计算机的潜力，包括它们在解决复杂问题，如数学方程中的能力，以及它们在数据处理和存储方面的潜力。尽管现在的计算机技术已经远远超过了 ABC 计算机，但我们仍然不能忽视阿塔纳索夫和贝瑞对计算机科学的贡献，他们的工作为现代计算机科学的发展奠定了基础。

1949 年，计算机科学家埃德蒙·伯克利（Edmund Berkeley）出版了一本名为《巨脑：或会思考的机器》（*Giant Brains: Or Machines*

That Think）的书。这本书提出了一个引人深思的观点：随着处理大量
信息能力的不断增强，机器将可以思考。

在那个时代，计算机科学正处于起步阶段，人们对于计算机的
潜力和未来充满了好奇和想象。伯克利的书对于当时的读者来说是非
常具有前瞻性的，它呼吁人们思考机器能否拥有类似人类的思维能
力。这种思考是建立在对计算机处理大量数据的能力的观察和理解之
上的。

伯克利的观点揭示了人们对于机器智能的持续追求。尽管在当时
的技术条件下，机器的思考能力还非常有限，但伯克利的书为后来的
研究和发展奠定了基础。随着计算机技术的进步，人们逐渐看到了机
器在模拟和执行某些思维任务方面取得的成功。

虽然现代的机器学习和人工智能技术仍然远未达到完全的人类思
维水平，但伯克利的《巨脑：或会思考的机器》鼓励人们思考机器和
人类思维之间的相似性和差异性，以及机器智能在未来可能的发展方
向。这本书对人工智能的研究和探索起到了重要的推动作用，也为人
们思考机器智能的未来提供了启示。

7.2　1940—1960 年：AI 的诞生

7.2.1　AI 相关技术的发展

1940—1960 年这一时期，许多重要的 AI 技术得以发展，这些技
术旨在将动物和机器的功能结合起来。这一时期见证了人工智能领域
的一系列发展和突破。其中，诺伯特·维纳（Norbert Wiener）开创了
控制论，旨在统一动物和机器的控制和交流理论[1]。控制论的提出为
人工智能的研究奠定了重要基础，它探索了如何通过反馈系统实现自
动控制和适应性行为。这种思想和方法对机器学习和自适应系统的发
展起到了重要的推动作用。

沃伦·麦卡洛克（Warren McCulloch）和沃尔特·皮茨（Walter Pitts）在 1943 年开发了生物神经元的数学和计算机模型[2]。他们的工作将生物神经元的功能抽象成数学和逻辑模型，为神经网络的发展奠定了基础。这一成果推动了神经科学和人工智能之间的交叉研究，为构建模仿人类大脑的人工神经网络打下了基础。

20 世纪 50 年代，人工智能领域取得了许多重要进展，这些进展对该领域的发展产生了深远的影响。

首先，被誉为"信息论之父"的克劳德·香农（Claude Shannon）在 1950 年发表了一篇题为《为下棋的计算机编程》的文章。这篇文章描述了计算机下棋程序。香农提出使用编程模拟下棋过程，为计算机实现智能行为奠定了基础。这项工作不仅探索了计算机如何制定策略和进行决策，还为后来的人工智能算法和机器学习提供了重要的思路。

同年，著名数学家和计算机科学家艾伦·图灵（Alan Turing）发表了一篇重要论文《计算机与智能》。在这篇论文中，他提出了模仿游戏的想法，以及著名的问题："如果机器会思考，我们如何区分它和人类？"这个问题引出了著名的"图灵测试"，用于测量机器智能[3]。图灵测试被视为人工智能领域的重要里程碑，它不仅促进了对机器智能的研究，也在一定程度上引导了人工智能的发展方向。

在这个时期，计算机科学家亚瑟·塞缪尔（Arthur Samuel）也做出了重要贡献。他于 1952 年开发了计算机跳棋程序，这是第一个能够独立学习如何玩游戏的程序。通过使用自我学习算法，这个程序可以逐渐提高下棋技能，展示了计算机通过学习和训练提高性能的潜力。塞缪尔的工作为强化学习和自适应系统的研究奠定了基础，并为后来的智能游戏和机器学习的发展开辟了道路。

这些重要的研究和突破推动了人工智能领域的发展，为后来的算法和技术奠定了基础，也为后来人工智能领域的快速进展铺平了道路。

7.2.2　人工智能概念的提出

1956 年 8 月，美国新罕布什尔州汉诺斯小镇的达特茅斯学院见证了一次令人瞩目的聚会。在这里，一群科学家，包括约翰·麦卡锡（John McCarthy）、马文·闵斯基（Marvin Minsky）（两人都是人工智能与认知科学的专家）、克劳德·香农（Claude Shannon，信息理论之父）、艾伦·纽厄尔（Allen Newell，计算机科学的先驱者）、赫伯特·西蒙（Herbert Simon，后来的诺贝尔经济学奖得主）等，聚在一起，共同探讨一个主题：使用机器模拟人类的学习及其他智能行为。

这次会议被称为达特茅斯会议，持续了两个月。尽管参与者并未就所有问题达成共识，但他们确实为会议的主题——机器思考和学习的能力——赋予了一个新的名字：人工智能。这个术语的出现，标志着人工智能领域的诞生，因此，1956 年被广泛认为是人工智能元年。

人工智能被定义为机器进行与人类的方式相似的思考和学习的能力。这个定义揭示了人工智能的核心目标，即创造出能够模拟甚至超越人类智能的机器。尽管这个目标的实现仍然面临着许多挑战，但达特茅斯会议为人工智能领域奠定了基础，启发了世界各地科学家的无数研究和创新。

自 1956 年人工智能元年以来，这个跨学科领域已经有了 60 多年的研究历史。在这个漫长的历程中，来自不同学科背景的学者对人工智能进行了深入的探讨，提出了各种各样的理论和观点。这些研究和探索最终形成了几个主要的学术流派，每个流派都从独特的角度对人工智能进行了解读和解释。

早在人工智能概念提出之时，人工智能的几大派系的斗争就已经开始了。其中，符号主义、联结主义和行为主义三大学派对人工智能的发展产生了重大影响。这三大学派从不同侧面描述和理解人类智能，主要区别如下。

（1）符号主义学派视人工智能为一种通过处理抽象符号和规则模拟人类思维的系统。他们强调逻辑推理、知识表示和问题求解策略，试图通过建立复杂的规则系统实现智能。

（2）联结主义学派强调模拟人脑神经网络的结构和功能可能为解决复杂智能问题提供线索，他们认为智能源于神经元之间的复杂连接。这种观点的具体表现形式为人工神经网络，这种网络能够学习和适应，从而在一定程度上模拟人脑的工作方式。

（3）行为主义学派主张通过观察和模拟人类和动物的行为理解和实现智能。他们强调感知和行动的重要性，认为智能行为应该从与环境的交互中产生。

7.3　符号主义

1956 年在达特茅斯学院举行的会议揭开了人工智能研究的历史序幕。从那时起直到 1974 年，这一时期被誉为人工智能的"黄金时代"。

在这个黄金时代，人工智能的研究主要被符号主义学派（也被称为逻辑主义学派、心理学派或计算机学派）主导。符号主义学派认为，人类的思维过程可以被理解为对抽象符号的操作和处理过程，而这一过程可以被计算机模拟。他们尝试通过增强计算机的逻辑推理能力，实现机器的智能化。对于符号主义学派来说，人类和计算机都可以被视为一种具有逻辑推理能力的符号系统。在其他理论派别尚未充分发展的早期阶段，符号主义学派在人工智能领域的影响力是空前的。图 7-2 所示为符号主义学派描述的程序流程图示例。

在人工智能发展的历史长河中，符号主义学派长期占据主导地位，其背后的原因主要是人们对人工智能的理解与符号主义学派提供的解释在许多方面都有相当的一致性。这种认知和解释的一致性让人们更容易接受符号主义学派的理论和方法，从而使其在 AI 领域获得了广泛的应用。

符号主义学派的基本理念源自数学逻辑，一个自 19 世纪末开始快速发展的学科。到了 20 世纪 30 年代，数学逻辑开始被应用于描

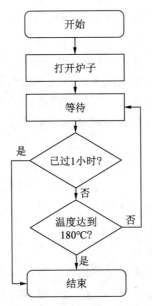

图 7-2   符号主义学派描述的程序流程图示例

述智能行为，开启了人工智能的新篇章。随着计算机的出现，数学逻辑在计算机上实现了逻辑演绎系统，进一步推动了符号主义学派的发展。计算机不仅为逻辑演绎系统提供了实现的平台，而且使逻辑演绎系统能够处理更复杂的问题，进行更快速的运算，提供更精确的结果。

自古以来，符号一直是人类理解和表达世界的重要工具。人们使用符号定义各种事物，无论是具体的物体（如汽车）、人（如老师），抽象的概念（如"爱"）、行为（如跑步），还是物理世界中不存在的事物（如神话中的神灵和生物）。使用符号的能力是人类独特智慧的体现，它不仅丰富了人类的语言和表达，而且推动了人类的思维和认知的发展。

许多人相信使用符号的能力是人类区别于其他动物的关键因素，使得人类的智慧超越了其他动物。符号不仅是人们用来描述和定义世界的工具，更是人们交流思想、传达感情、分享知识的重要媒介。通过符号，人们能够跨越时间和空间的限制，将自己的思想和经验传达给他人，甚至传递给后代。这种通过符号进行交流的能力，使人类的智力得以充分发挥，实现了人类社会的高度复杂性和多元性。

另外，符号的使用也反映人们对世界的认知。每个符号都代表人们对相应事物的理解和看法，这些理解和看法会影响人们的行为和决策。因此，可以通过研究和理解符号，更深入地理解我们自己及我们的社会。

通过符号表达和交流的能力推动了科技和文化的发展。科学理论、艺术作品、宗教信仰、法律规定，甚至道德观念，都是通过符号表达和传递的。因此，无论是在日常生活中，还是在更广泛的社会文化领域，符号都扮演着重要的角色。

人工智能先驱者假设，智能原则上是可以通过符号精确描述的。他们认为，通过符号描述和实现的人工智能，能够更清晰、更准确地理解和模拟人类的智能行为。这种理念使得符号逐渐占据了人工智能研究的中心舞台，成为该领域研究项目的核心焦点。

此外，这种以符号为核心的研究方法也为计算机科学带来了重要的启示和影响。许多现代计算机科学中的重要概念和工具，如面向对象的编程方式，都是这些研究方法的产物。面向对象的编程方式通过将复杂的问题分解为一系列独立的对象，然后通过对象交互解决问题。这种方法在很大程度上反映了符号主义的思想，即通过对象（类似符号）描述和处理复杂的问题和任务。

这些研究成果不仅推动了人工智能的发展，而且展示了符号主义在理解和模拟智能方面的强大潜力，同时提供了一种新的、有效的解决问题和开发软件的方法。

符号主义学派的代表人物之一马文·明斯基（Marvin Minsky）曾写过一本颇有影响力的书，名为《感知机》（*Perceptron*），如图7-3所示。在这本书中，明斯基对当时的神经网络模型——感知机——进行了深入的批评和剖析，尤其是对于联结主义学派的理论和方法，明斯基的评价尖锐而直接。他指出，这些基于感知机的神经网络模型甚至无法解决最基本的异或（XOR）问题，这使得它们的实用性大受

质疑 [4]。明斯基的逻辑是：

（1）一层感知机只能解决线性问题。

（2）要解决非线性问题（包括分段线性问题），比如异或（XOR）问题，则需要多层感知机（MLP）。

（3）但是，没有 MLP 可用的训练算法。

（4）所以，神经网络是不够实用的。

图 7-3　马文·明斯基（Marvin Minsky）编写的《感知机》（*Perceptron*）

明斯基被誉为人工智能领域的奠基人之一。他在符号主义、认知科学和人工智能研究中做出了重要贡献，特别是他关于知识表示和人工智能的理论对整个领域产生了深远影响。明斯基于 1927 年出生在纽约。他在哈佛大学获得了数学学士学位，并在普林斯顿大学获得了数学博士学位。他于 1958 年与约翰·麦卡锡共同创立了麻省理工学院（MIT）的人工智能实验室，这个实验室后来成为人工智能研究的全球中心。明斯基的研究兴趣广泛，涵盖人工智能、认知科学、复杂系统、认知心理学等多个领域。他提出了许多关于人工智能的重要理论，如帧系统（frame system）和规则系统（rule system）等。

明斯基的这部著作内容非常严谨，对当时的人工智能研究领域产生了深远影响。一般的读者未必能理解书中的推理及其前提限制，可能就会得到一个简单的结论：神经网络都是骗人的。他的批评不仅抑制了神经网络和联结主义在那个时期的发展，更使得符号主义学派在人工智能领域中的地位进一步提升。这本书的出版，成为人工智能历史上的一个重要节点，被誉为"人工智能冬天"的开始，这是一个人工智能发展受阻且研究资金减少的阶段。

有意思的是，马文·明斯基获得了计算机科学领域的最高荣誉——图灵奖。

虽然明斯基的批评在当时引起了广泛的反响，但并没有完全阻止神经网络和联结主义的发展。随着研究的深入和技术的进步，人们逐渐发现了新的方法来解决感知机模型的限制，例如引入多层神经网络和反向传播算法等。这些新的方法使神经网络和联结主义再次回到人工智能研究的前沿，并产生深远的影响。

7.3.1　符号主义 AI 的成果

符号主义 AI 的成果之一是约翰·麦卡锡于 1958 年开发的 Lisp 语言[5]。这种编程语言的设计原则和特性使得它非常适合于 AI 研究，因此它很快成为 AI 研究者们喜欢的工具之一。直到现在，Lisp 语言仍然在 AI 研究中占有重要的地位。Lisp 语言的强大之处在于其灵活性和表达力，使得研究者可以方便地使用它实现复杂的算法和模型。

符号主义 AI 的另一个重要成果是艾伦·纽厄尔（Allen Newell）等开发的"逻辑理论家"系统。这个系统能够证明《自然哲学的数字原理》中的数学定理，且其中的解法在某些情况下甚至比人类数学家提供的解法更为巧妙。这个系统的成功，显示了符号主义学派的方法在处理复杂的逻辑推理任务上的强大能力。

赫伯特·西蒙等提出的通用问题解决器（General Problem Solver）和启发式搜索思想也是符号主义人工智能的代表性成果之一。通用问题解决器旨在开发一个通用的、基于规则的推理系统，用于解决各种类型的问题；启发式搜索思想在后来的人工智能研究中产生了深远影响，例如，现代的深度学习系统 AlphaGo 就借鉴了启发式搜索思想。

符号主义 AI 的另一个成功案例是专家系统，这是一种模拟人类专家知识和判断的计算机系统 [6]。专家系统通过编程复制特定领域（如医学、工程或金融）专家的知识和推理能力，以解决该领域的复杂问题。其中，"推理引擎"是专家系统的核心组成部分，它在被提问时能够提供高水平的专业知识。

专家系统在工业、商业和科学研究等许多领域都得到了广泛应用。IBM 的深蓝（Deep Blue）就是一个著名的例子，它是专门为下国际象棋而设计的专家系统。1997 年，深蓝在对弈中击败了当时的国际象棋冠军卡斯帕罗夫，这一历史性的胜利标志着专家系统在处理复杂任务方面的能力得到了公众的广泛认可 [7]。

专家系统也得到了各国政府的大力支持。例如，日本政府在其第五代计算机项目（FGCP）中投入了大量资金支持专家系统和其他 AI 相关的研究工作。这一项目的目标是开发出一种新型的计算机系统，该系统可以进行高级的人工智能任务，如自然语言处理、知识推理和机器学习。

专家系统对 20 世纪 AI 的发展起到了重要的推动作用。通过模拟人类专家的知识和推理能力，专家系统展示了符号主义 AI 理论的实用性和有效性。同时，专家系统的成功也为后来的 AI 研究提供了宝贵的经验和启示，为人工智能的进一步发展铺平了道路。

由于符号主义 AI 的一系列成功案例，人工智能开始获得前所未有的广泛关注和期待。许多研究人员满怀乐观地预测，一台完全智能的机器可能在未来的 20 年内就能够建成。在这个阶段，"推理即搜索"成为一种流行的研究范式，其思想是通过类似迷宫搜索的方式寻找解决 AI 问题的策略和路径。

然而，经过十几年的研究和实践，人们发现机器的逻辑推理能力虽然有了明显提高，但是它们并没有变得更聪明，逻辑推理并不是通向高级智能的唯一或最好的路径。因此，研究者开始尝试引入人类的专业知识，也就是专家系统，期望机器能够更好地理解和处理复杂问题。这种趋势一直持续到今天，现代知识图谱就是这个思想的一个重要体现。

然而"推理即搜索"的范式也面临着一些重大挑战。一方面，对于许多复杂问题，可能的解决路径非常庞大，即使先进的 AI 系统也难以在合理的时间内找到最优解或满意解；另一方面，这种方法也有自身的局限性，它依赖于明确的规则和知识，但是对于许多问题，人类可能并没有足够的知识，或者无法将相关知识明确地表示出来。因此，虽然符号主义 AI 在某些领域取得了显著的成就，但是其在处理更广泛、更复杂的问题方面的能力仍有待提高。

7.3.2　第一个人工智能冬天

1974—1980 年这一时期被称为"第一个人工智能冬天"。在此之前，人工智能研究者的乐观预测和承诺带给了人们的极高期望，然而当这些预期的结果未能如期实现时，人工智能领域的资金支持和公众关注度都急剧下降。

这期间，专家系统成为人工智能的主要研究方向。然而，专家系统虽然在处理一些静态问题上表现出强大的能力，但它们对实时动态问题的处理能力却相对较弱，这使得专家系统的开发和维护变得非常困难。另外，专家系统将智能狭义地定义为抽象推理，这使得它们无法模拟或理解现实世界的复杂性。

专家系统的智能通常局限于一个非常狭窄的领域，在这个领域内它们可以表现出专家级别的知识和推理能力，但是在这个领域之外，它们的能力则大打折扣。因此，将专家系统描述为"活字典"可能更为贴切。专家系统面临的主要挑战包括知识的获取和构建，以及推理引擎的实现。为了解决这些问题，学者发展出了一系列理论和算法，如反向链（Backward Chaining）推理、Rate 算法等。

尽管专家系统面临许多挑战，但它们在知识库和大数据挖掘等领域的发展中仍然发挥了重要作用，知识图谱以及大数据挖掘等技术，都与专家系统和知识库的发展有着密切的关联。尽管在此期间，人工智能的发展面临重大挑战，但这个阶段的经验和教训为人工智能的后续发展提供了参考。

Lisp 机的挫败为符号主义的发展前景投下了阴影。Lisp 是当时被广泛用于 AI 领域的编程语言，具有深厚的应用基础。而 Lisp 机则是为运行这种语言特别优化的计算机，被寄予了厚望。

20 世纪 80 年代，各大研究 AI 的学校都争相购买这款专用机器，希望使用 Lisp 机在人工智能领域取得重大突破，然而，结果却令人失望。无论他们尝试多么复杂的程序设计，采用多么先进的算法，Lisp 机似乎都无法推动 AI 的实质性进步。

随后，IBM 个人计算机和苹果个人计算机的出现打破了原有的技术格局。这些新型的个人计算机价格远低于 Lisp 机，运算能力却更强。它们能够执行各种任务，甚至包括 Lisp 机承担的那些 AI 研究任务。人们开始意识到，要推动 AI 的发展，可能并不完全需要像 Lisp 机那样专用的高价设备。

这给投资 Lisp 机的学校造成了重大打击，也使得颇为主流的符号主义理论在 AI 领域的地位受到动摇。研究者逐渐转向了其他 AI 的研究范式，寻找更实用、更有效的技术路线。而 Lisp 机的失败也成为 AI 技术发展历程中的一个深刻教训，提醒人们进行技术创新和投资决策时，需要更为理性和审慎。

20 世纪 90 年代后期，人工智能经历了一场空前的寒冬，充满了失败和挫折，尤其是日本的第五代计算机项目及人类知识编纂计划 Cyc 项目都未能达到预期。在这两个项目的阴影下，AI 研究步入了艰难时期。

第五代计算机项目是日本政府在 20 世纪 80 年代中期发起的一个宏大的计划，目标是创造一种能够理解自然语言，具有推理能力并能够自我改进的计算机。然而，随着项目的进行，各种技术挑战和实施困难逐渐出现，最终导致项目失败。

同样地，Cyc 项目也令人失望。这个项目的目标是创建一个包含大量人类知识的系统，可以通过逻辑推理进行复杂的问题解答。但是，由于知识获取和维护的难度过大，Cyc 项目也未能实现其初始的承诺。

在这个阶段，AI 这个词汇几乎成为禁忌，研究者更愿意使用像"高级计算"这样更为温和的表述。对于外界来说，AI 似乎已经失去了其原有的光芒。

同时，联结主义的研究也就是神经网络的研究，也遭受了严重的打击。这主要归咎于马文·明斯基对感知机模型的批评。明斯基在他的著作中指出，单层感知机无法解决某些基本的计算问题，这一观点在当时的学术界产生了深远的影响，使得神经网络研究几乎停滞了近10 年。

7.4　联结主义

联结主义将人工智能研究与仿生学紧密结合起来，将对人脑模型的深入研究视为其核心理念。联结主义的研究者坚信，模仿人脑的结构和功能可能为解决复杂智能问题提供关键的线索。

这一学派的重要突破可以追溯到 1943 年，生理学家沃伦·麦卡洛克（Warren McCulloch）和数理逻辑学家沃尔特·皮茨（Walter Pitts）共同提出了一种革新性的脑模型，被称为 MP（McCulloch and Pitts）模型。他们的研究引领了人工智能的新方向，打开了利用电子设备模拟人脑结构和功能的大门。

MP 模型的主要理念是，人脑中的神经元以某种形式的二进制方式工作，当接收到足够的输入信号时，神经元会被"激活"并向其他神经元发送信号；否则，神经元将保持"静默"。这个理念启发了人们研究神经网络模型，为模仿人脑的复杂结构与功能提供了可能性。

神经网络模型，特别是人工神经网络模型，被视为模仿人脑功能的关键工具。这些模型通过在数千或数百万个人工"神经元"之间建立复杂的连接，试图模拟大脑的工作方式。每个神经元都能处理并传递信息，而整个网络则能够学习和适应，解决各种复杂的任务。

这方面的研究成果推动了人工智能的发展，例如，基于大规模神经网络的深度学习技术已经在图像识别、自然语言处理、机器翻译等领域取得了重大突破。通过继续深化对人脑工作机制的理解和模拟，联结主义将可能推动人工智能领域实现更为广泛和深刻的创新。

7.4.1　感知机

在人工智能领域，第一个联结主义应用范例是感知机，感知机是由心理学家弗兰克·罗森布拉特（Frank Rosenblatt）受到大脑神经元处理信息机制的启发，于 20 世纪 50 年代发明的 [8]。

在大脑中，神经元通过电信号或化学信号接收来自其他神经元的输入。一旦所有输入信号的总和达到了特定的阈值，神经元就会被激活，即被"触发"，并向其他神经元发送信号。在计算输入总和的过程中，神经元会赋予来自更强连接的输入更大的权重。调整神经元之间的连接强度——这就是我们称为"学习"过程的一个关键组成部分。

罗森布拉特的感知机模型就是模仿这种机制。如图 7-4 所示，感知机接收一组输入，计算其加权总和，如果这个加权总和达到了某个预设的阈值，感知机就会输出 1，否则输出 0。权重在这个过程中起关键作用，它们决定了每个输入对感知机的影响程度。而学习过程就是通过反复训练调整这些权重，使得感知机的输出更接近期望的结果。

感知机模型的出现标志着大脑神经元机制被引入计算机科学和人工智能的领域。尽管感知机模型在处理复杂问题时存在局限性，但是它开启了一种全新的视角，即通过模仿生物大脑的工作机制解决复杂的计算和认知任务。这在后续的人工智能研究中，尤其是神经网络和深度学习的发展中，发挥了巨大的作用。

在感知机模型中，权重和阈值的确定并不是由程序员直接设定的，而是感知机通过训练数据自动学习得到的。这是它与符号主义人工智能的重要区别。符号主义人工智能依赖于程序员设置明确的规则和逻辑，而感知机则从数据中"学习"这些规则。

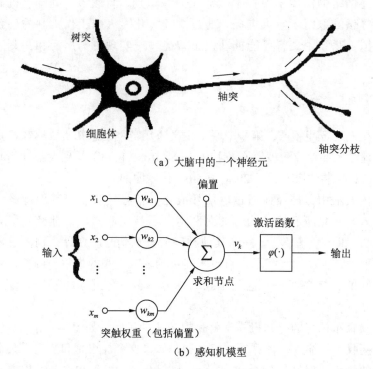

（a）大脑中的一个神经元

（b）感知机模型

图 7-4　感知机模型

　　具体来说，感知机在训练过程中的学习是通过不断地迭代和调整权重实现的。首先，权重会被初始化为随机的值；然后，感知机会被训练识别一系列输入样例，对于每个输入样例，感知机会根据当前的权重计算一个输出，并将这个输出与期望的结果进行比较。

　　如果感知机的输出与期望结果相符，则认为感知机在这个输入样例上的表现是正确的，权重就不需要改变。如果输出与期望结果不符，则认为感知机在这个输入样例上的表现是错误的，此时权重需要被调整。具体的调整方法是，将权重向着使得输出更接近期望结果的方向改变，这就好比给出一个"惩罚"，以引导感知机在未来的预测中避免犯同样的错误。

通过不断地训练和调整，权重会逐渐收敛到一个使得感知机在训练数据上表现最优的值。这个过程就是感知机的学习过程，也是联结主义人工智能的基础。因为只有通过这种方式，机器才能从数据中学习到隐藏的规律，从而学会处理之前未曾遇到的新问题。

感知机的概念确实非常强大，特别是当在感知机模型的基础上添加更多层，组成所谓多层神经网络（多层感知机）时，其处理问题的能力会大大提升。这种加层的做法实际上为神经网络带来了深度，因此这种结构也被称为深度神经网络。它们构成了现代人工智能的大部分基础，尤其在复杂的任务（如图像识别、语音识别、自然语言处理等领域）中表现突出。

在 20 世纪 50 年代和 60 年代，尽管多层感知机的理念已经存在，但是却没有有效的算法学习这些多层网络中权重和阈值的设置。这使得训练深度神经网络成为一大难题。更不幸的是，感知机的发明者弗兰克·罗森布拉特在 1971 年的一次划船事故中丧生，年仅 43 岁。他的去世给神经网络的研究造成沉重打击。

在罗森布拉特去世之后的一段时间，即 20 世纪 70 年代末到 80 年代初，由于当时的理论模型、生物原型和技术条件的限制，神经网络和基于联结主义的人工智能研究进入了低潮。没有罗森布拉特这样的杰出领导者，同时政府资助也大幅减少，神经网络的研究几乎陷入停滞。特别是在马文·明斯基对感知机提出了强烈批评之后，联结主义或神经网络研究经历了近十年的低迷。

7.4.2　机器学习

尽管面临种种挑战，人工智能研究者并没有放弃对神经网络的探索。有一些执着的研究者坚守在这个领域，独自耕耘，为神经网络的复兴奠定了基础。约翰·霍普菲尔德（John Hopfield）教授就是其中的一位杰出代表。

霍普菲尔德在 1982 年和 1984 年分别发表了两篇具有里程碑意义的论文 [9,10]，这两篇论文为联结主义的复苏提供了重要推动力。他提出了用硬件模拟神经网络的想法，这一想法激发了人们对于神经网络和其可能的实际应用的新的想象。

1986 年，大卫·鲁梅尔哈特（David Rumelhart）、杰弗里·辛顿（Geoffrey Hinton）和罗纳德·威廉姆斯（Ronald Williams）发表了著名的文章 *Learning Representations by Back-propagating Errors*（《通过误差反向传播进行表示学习》），回应了明斯基在 1969 年发出的挑战。尽管他们不是唯一发现反向传播算法的小组（其他人包括 Parker，1985；LeCun，1985），但是这篇描述清晰的文章开启了神经网络新一轮的高潮。

反向传播（BP）算法基于一种"简单"的思路：不是像感知机那样用误差本身调整权重，而是用误差的导数（梯度）调整。

如果有多层神经元（如非线性划分问题要求的），那只要逐层地做误差的"反向传播"，逐层求导，就可以把误差按权重"分配"到不同的连接上，这就是链式求导。为了能实现链式求导，神经元的输出要采用可微分的函数，如 S（sigmoid）形函数。

在 20 世纪 80 年代，一批新的生力军——物理学家也加入了神经网络的研究阵地，如约翰·霍普菲尔德（John Hopfield）、赫尔曼·哈肯（Hermann Haken）等。在计算机科学家已经不怎么研究神经网络的 20 世纪 80 年代早期，这些物理学家反而显示出更大的热情。

与第一阶段中常见的生物学背景的科学家不同，物理学家给这些数学方法带来了新的物理学风格的解释，如"能量""势函数""吸引子""吸引域"等。对于上述链式求导的梯度下降算法，物理学的解释是在一个误差构成的"能量函数"地形图上，沿着山坡最陡峭的路线下行，直到达到一个稳定的极小值，即"收敛"点。

有了这些关键的突破，联结主义的研究开始重新焕发活力。从模型的构建，到算法的设计，再到理论的分析，以及最后的工程实现，所有这些步骤都在不断地向前推进，为神经网络的广泛应用和商业化打下了坚实的基础。

不可否认的是，虽然联结主义经历了一段时间的低潮，但正是由于这些执着的研究者的不懈努力，使得神经网络得以焕发新生，不仅在学术研究上有了重要的进展，而且在商业应用上取得了显著的成功。

历史向我们展示了坚持不懈地进行科学研究的重要性，即使在面临困境和挫折时也要坚持前行，因为只有这样才能走出阴影，实现科技的进步。

从 2010 年开始，随着人们对数据驱动方法的重视和理解程度的加深，机器学习这种新的方法论开始受到广泛关注并迅速流行起来。这一转变标志着人们从基于人为制定规则的专家系统的框架中解脱出来，进入一个更为自主和智能的新时代。机器学习并不依赖于人为预先编码的规则，而是让计算机通过在大量数据中自我学习和探索发现规律和模式。

作为人工智能的一个重要分支，机器学习属于联结主义方法的范畴。机器学习方法从本质上借鉴和模拟了人类大脑的工作原理。与符号主义人工智能试图模仿人类更高层次思维概念的方式不同，联结主义人工智能构建了一种自适应的网络，这种网络能够从大量的数据中"学习"并识别出各种模式。随着对神经网络结构理解的不断加深，以及计算机处理能力和可获取数据量的大幅增长，人们已经能够构建出足够复杂的网络来处理复杂任务。

联结主义学派认为，只要有足够复杂的网络和足够多的数据，就有可能实现更高级别的人工智能功能，这些功能可以接近甚至超过人类的思维能力。深度学习就是基于这种观点的发展，通过构建深层次的神经网络，深度学习能够在处理语音识别、图像识别、自然语言理解等复杂任务时达到甚至超过人类的水平。深度学习技术的出现和发展极大地推动了人工智能的进步，并对社会的各个领域产生了深远的影响。

7.4.3　梯度下降算法

梯度下降算法是机器学习和深度学习中常见的优化算法，用于更新和优化模型的参数以减小预测错误或损失函数的值[11,12]。

这个算法的核心思想在于利用梯度（即函数在某一点的导数，可以被看作函数在这一点的斜率或方向）指引模型参数更新的方向。在多变量函数中，梯度是一个向量，指向函数值增加最快的方向，向量的每个元素是偏导数，表示函数沿各个方向的变化率。

在梯度下降算法中，目标是找到使损失函数最小化的参数，所以需要沿着梯度的反方向（也就是函数值减小最快的方向）更新参数，如图 7-5 所示。每次迭代时，都会计算当前参数下的梯度，然后将参数沿着梯度的反方向更新一小步，这个步长通常由超参数（学习率）决定。这个过程会不断重复，直到梯度接近 0（也就是找到了函数的局部最小值或全局最小值），或者达到预设的最大迭代次数。

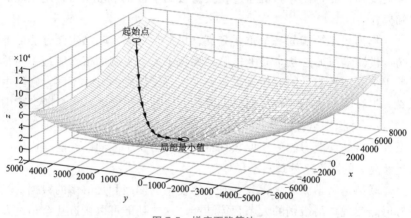

图 7-5　梯度下降算法

本书曾多次提到梯度这个概念，这里可以回顾一下：梯度就是对某一空间或场域中各种属性（如能量、质量、温度、信息等）差异的量化度量。梯度的存在往往表明系统存在不均匀、不稳定的状态，而自然法则是系统天然地倾向于缩小这些梯度，以寻求更稳定、均衡的状态。

在各种物理、化学、生物以及人类社会现象中都可以观察到这个过程。例如，热力学中的热量传递是从高温区向低温区进行的，就是在减小温度梯度；化学反应中的物质从高浓度区向低浓度区扩散，是在减小浓度梯度；生态系统中物种分布的平衡，人类社会中贫富差距的缩小，都可以从某种程度上理解为减小某种梯度的过程。

在这个过程中，智能的出现尤为引人关注。在人工智能领域，通过设计合适的算法，利用梯度下降等优化方法，让机器自动学习如何缩小误差梯度，即减小预测值与真实值之间的差距，以达到更高的预测准确度。机器通过不断学习和调整，逐步提升智能水平，这种智能的提升就是在梯度缩小的过程中产生的。

因此，可以认为，梯度的缩小和智能的提升是一个共生共进的过程。这也从另一个角度揭示了智能的本质：在处理复杂、不确定、动态变化的问题时，通过自我学习和调整，以寻求最优或近似最优的解决方案。

在机器学习中，梯度常被用于描述模型预测结果与实际值之间的差异。举一个具体的例子说明。假设正在设计一个能够准确识别猫的图像识别系统。在这个系统中，当输入一张猫的照片时，理想的预期输出应该是"这是一只猫"。如果机器的实际输出为"这是一条狗"，那么可以说，在预期输出与实际输出之间存在一个"梯度"，这个"梯度"就代表当前模型的预测误差。

岩石从山坡上滚下的情景是梯度下降算法的一个很好的比喻。这也是笔者认为智能在稳定宇宙的过程中自然出现的原因之一，就像滚下山坡的岩石一样自然。预期输出和实际输出之间的差异可以被建模为一个函数，通常称为代价函数（有时也被称为损失函数或目标函数）。可以将代价函数看作一种"山谷"，而神经网络的参数（包括权重和阈值）则决定"岩石"在"山谷"中的位置。

在梯度下降算法中，目标是计算代价函数的梯度，这样就能找到"山谷""向下"的方向，然后沿着这个方向移动"岩石"（也就是调整神经网络的参数）。这个"山谷"的坡度就代表代价函数的变化率，梯度则表明代价函数在当前参数值下的下降方向。

通过不断应用更新规则，可以使岩石向着代价函数的最小值方向"滚下山坡"。希望随着迭代的进行，逐渐接近代价函数的最小值。这个过程中会不断更新神经网络的参数，让其朝着梯度的反方向前进。这个更新规则可以看作一种在神经网络中学习的规则，直到达到代价函数的最小值（可能是局部最小值），也就是"山谷"底部。

梯度下降算法有多种变体，如批量梯度下降算法、随机梯度下降算法和小批量梯度下降算法等，它们在计算梯度和更新参数的方式上有所不同，但基本的思想是一样的。此外，还有一些更为先进的优化算法，如动量算法、AdaGrad 算法、RMSProp 算法和 Adam 算法等，它们是在梯度下降算法的基础上加入了一些额外的机制，如动量项、自适应学习率等，以加速训练过程并提高模型的性能。

在实践中直接应用梯度下降算法面临挑战，其中之一是训练输入数据量非常大时运算速度将变慢。为了加快学习速度，可以使用随机梯度下降算法，该算法使用随机选择的训练输入的小样本，而不是所有样本 [13]。

总体来说，梯度下降算法和岩石滚下山坡过程的类比帮助我们理解了在神经网络中学习的过程。梯度下降算法通过迭代更新参数，可以在代价函数的"山谷"中找到最小值，实现对模型的优化和训练。这种算法是机器学习中的基础方法之一，为构建强大的智能系统提供了重要的工具。

7.4.4　反向传播算法

梯度下降算法面临的一个挑战是如何有效地计算代价函数的梯度。对于具有大量权重的神经网络，有效地计算代价函数的梯度可能变得相当困难。例如，在一个拥有 100 万权重的网络中，实现梯度下降意味着需要将代价函数执行 100 万次，每次执行都涉及对整个网络的一次前向传播。这无疑将给计算资源带来巨大的压力，特别是在处理大规模网络的情况下，其计算负载会让人望而却步。

在这种背景下，反向传播算法显得尤为重要。这种算法能够避免计算重复的子表达式，从而大大提高了计算代价函数的梯度的效率。反向传播算法的运作方式是根据前一次的输出误差对网络的权重进行微调。这意味着在一次训练迭代过程中，只需要对网络进行一次前向传播和一次反向传播，就能得到所有权重的梯度。这种策略显著减少了计算复杂度，提高了训练的效率 [14,15]。

反向传播算法的优势不止于此。它在提升计算梯度方面的效率的同时，并没有牺牲对模型优化的能力。实际上，反向传播算法还可以进一步优化模型性能。在每次前向传播后，反向传播算法会基于当前的权重和偏差进行反向传播。这个过程中会自动调整模型参数。这不仅意味着利用该算法可以快速进行参数调整，还表明可以对模型进行持续优化。在这个过程中，反向传播算法会以自适应的方式调整权重，这将使网络更能精准地拟合训练数据，而这种精准的拟合又能够帮助提高模型的可靠性，使其能够更好地泛化到未知的数据。因此，反向传播算法不仅提高了梯度计算的效率，也增强了模型的性能和准确性。

反向传播算法还有助于解决机器学习中的一个常见问题——过拟合问题。过拟合指的是模型对训练数据过度拟合，而不能很好地泛化到新的未知数据的情况。反向传播算法通过调整神经网络的权重，使其在减少训练误差的同时，很好地泛化到新的数据，从而避免过拟合。

尽管反向传播算法早在 20 世纪 70 年代就已出现，但真正使它大放异彩的是大卫·鲁梅尔哈特（David Rumelhart）、杰弗里·欣顿（Geoffrey Hinton）和罗纳德·威廉姆斯（Ronald Williams）三位研究者在 1986 年发表的一篇论文[14]。他们在论文中描述了一些使用反向传播算法的神经网络模型，这些模型的学习速度显著超过了早期使用其他算法的模型。

这个发现颠覆了传统的神经网络训练方法，使得神经网络的训练速度和准确性大大提高，进而让人们有可能用神经网络解决之前无法解决的复杂问题。这个里程碑式的研究不仅推动了神经网络的快速发展，也对整个人工智能领域产生了深远的影响。

在当今的深度学习领域，反向传播算法已经成为神经网络学习的重要工具。无论是在图像识别、自然语言处理、语音识别，还是在许多其他复杂任务中，反向传播算法都扮演了关键角色。因此，在神经网络的理论研究和实际应用中，反向传播算法都占有重要的地位。

7.4.5　监督学习

根据算法的训练方式，一般的机器学习大致分为监督学习、无监督学习和强化学习三类，如表 7-1 所示。

表 7-1　三种不同的机器学习对比

算法训练方式	监督学习	无监督学习	强化学习
定义	在指导下使用标记数据学习	在没有任何指导下使用未标记的数据学习	通过和环境互动学习
数据类型	标记数据	未标记数据	无预定义的数据
问题类型	分类与回归	聚类与关联	利用与探索
监督	有监督	无监督	无监督
算法	线性回归、逻辑回归、SVM、KNN 等	K-Means、C-Means、Apriori 等	Q-Learning、A3C 等
目标	得出结果	发现潜在模式	优化长期收益
应用	目标识别、预测等	推荐、异常检测等	游戏、自动驾驶汽车等

　　监督学习是机器学习的一种方法，它依赖于使用标签数据进行模型训练[15]。这一过程的理念与学生在课堂上的学习方式相似：有一个导师（老师）在指导学生解决问题，并为他们提供正确的解答。在监督学习中，这些"问题"就是数据的特征，而"答案"则是标签。机器学习模型通过从标签数据中学习，理解特征与标签的对应关系，从而在接收到新的特征时，可以准确预测其相应的标签。

　　可以想象一个场景，在这个场景中，你是一名坐在教室里的学生，老师正在为你提供指导。老师会给你一套训练题，你需要尝试解答。当你完成这些训练题后，老师会告诉你是否答对了。如果你做错了，老师会向你解释正确答案，这样你就能从错误中学习，了解自己哪里做得不对，以便在遇到类似的问题时能够给出正确的答案。这就是监督学习的过程，模型接收到的训练数据就相当于学生的训练题，而每个训练数据对应的标签就相当于老师提供的正确答案。

　　在实际应用中，监督学习主要处理两类问题：分类问题和回归问题。分类问题是指将输入数据划分到预定义的类别中，例如判断一张图片上的水果是苹果、香蕉还是橙子等。这类问题的输出是离散的。图 7-6 展示了一个分类问题示例。回归问题则是预测连续值，如根据过去的股市历史数据预测未来的股票价格。这类问题的输出是连续的。

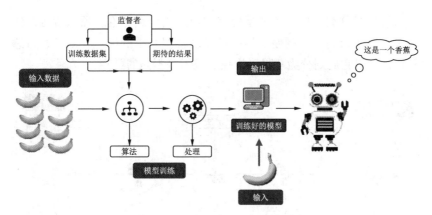

图 7-6　分类问题示例

　　监督学习模型的学习过程是通过将预测结果与真实结果进行比较，然后根据这种比较结果调整模型参数以减小预测误差。通过反复进行这样的过程，模型可以逐步提升预测性能，准确地处理分类问题或回归问题。

7.4.6　无监督学习

　　与监督学习依赖预先标记的数据不同，无监督学习则不需要这些标签数据[16]。无监督学习不依赖已知的答案，而是通过探索数据的内在结构和关系，试图发现隐藏在数据中的模式和知识。无监督学习可以被视为一种自组织的学习过程，因为机器需要自我探索和理解数据，而不是依赖预先给定的指示。

　　这一过程可以看作机器主动地学习数据，而不是被动地接收预先定义的类别或结果。机器在无监督学习中需要做的是理解输入数据的特性，然后尝试以有意义的方式对数据进行聚类或表示。这里有意义的方式可能是基于数据的某种内在属性，或者基于数据在某种度量下的相似性。

　　无监督学习的一个典型应用就是聚类算法，如图 7-7 所示。聚类算法的目标是将数据划分为多个组或簇，每个组中的数据在某种度量下都相互接近，而不同组中的数据则相互远离。例如，如果想要将各种水果进行分类，但并不清楚应该如何定义分类标准，那么就可以使用聚类算法处理这个问题。聚类算法会根据水果的颜色、形状、口感等特性，将它们划分为苹果、香蕉、橙子等不同的类别。

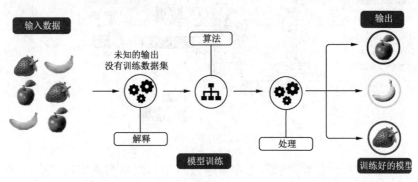

图 7-7　聚类算法示例

除了聚类，无监督学习还可以处理其他一些重要的任务，如降维、异常检测、关联规则学习等。在这些任务中，无监督学习都表现出了强大的能力，能够在没有预知信息的情况下，从数据中发现有价值的信息和知识，为理解数据和解决问题提供了重要的帮助。

7.4.7　自监督学习

自监督学习是一种特殊的机器学习方法，它处于监督学习和无监督学习之间。在自监督学习中，标签信息并非人工提供，而是直接从输入数据中生成[17]。换句话说，自监督学习使机器自我生成标签，并通过这些自我生成的标签进行学习。

自监督学习是近年来机器学习领域取得的重大突破之一，人们今天看到的很多机器学习的结果和成功都来自自监督学习，特别是在自然语言处理和文本生成方面。

这种学习方法将一部分输入数据作为目标输出，以此训练模型发现并理解数据的潜在结构。自监督学习通过创造出一种预测任务，使得机器需要预测输入数据的某部分，从而借此进行学习。例如，给定一段文本，要求机器预测其中的某个单词，或者给定一张图片的部分内容，要求机器预测剩余的内容。通过这样的方式，机器可以从数据中学习到有价值的特征和模式。

自监督学习的一个关键优点是，由于标签是从输入数据中自动生成的，因此可以充分利用大量的未标记数据。这使得自监督学习在训练大型模型时能够充分利用丰富的未标记数据资源，从而在一定程度上解决标记数据稀缺的问题。

自监督学习在一系列任务中已经表现出了显著的性能，例如在自然语言处理和计算机视觉领域。在自然语言处理中，BERT 等模型就是典型的自监督学习模型，它们通过预测文本中的某个或某些单词，从而学习语言的重要特征。在计算机视觉领域，自监督学习通过预测图像的某部分或进行颜色预测等方式广泛用于学习图像的表征。

7.4.8　神经网络架构

神经网络经历了很长一段时间的发展，其中经历了许多重要的里程碑，也形成一些不同的神经网络架构。下面详细介绍其进化史。

1. 感知机（Perceptron，1958 年）

如 7.4.1 节所述，感知机是最早的人工神经网络，由弗兰克·罗森布拉特（Frank Rosenblatt）于 1958 年提出。感知机模拟生物神经元的基本工作原理，包含输入、权重、加权求和及一个阶跃输出函数。然而，感知机只能解决线性可分问题，不能处理像异或（XOR）问题这样的非线性问题。

2. 多层感知机（Multilayer Perceptron，MLP，20 世纪 80 年代）

为了解决感知机不能处理非线性问题的局限性，研究人员发明了多层感知机。多层感知机是神经网络的基础模型之一。相比于原始的感知机，多层感知机的主要特点在于拥有多个神经元层次，包括输入层、隐藏层和输出层，如图 7-8 所示。隐藏层特别重要，因为它们使多层感知机能够处理复杂的非线性问题。此外，MLP 的每一层都可能包含多个神经元，而这些神经元之间的连接强度，即权重，可以通过学习数据自动调整，从而使网络能够更好地适应各种任务。

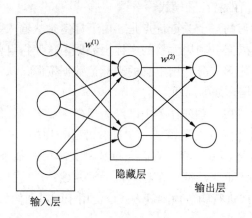

图 7-8　多层感知机

值得一提的是，多层感知机使用了非线性激活函数，如 sigmoid 函数和修正线性单元（ReLU）。这些非线性激活函数赋予 MLP 强大的非线性表示能力，使它能够解决单层感知机无法处理的复杂问题。这也是多层感知机得名的原因，因为它具有多个层次，并在每个层次上都使用了非线性函数。

多层感知机虽然在理论上具有很大的潜力，但在实践中，如何有效地训练这种网络却很有挑战性。幸运的是，1986 年，Rumelhart、Hinton 等研究者提出了反向传播算法，如 7.4.4 节所述。反向传播算法能够有效地计算出网络中每个权重的梯度，然后利用梯度更新权重，从而使得网络的性能逐渐改善。反向传播算法使得多层神经网络的训练成为可能，也为深度学习的发展铺平了道路。

3.　循环神经网络（Recurrent Neural Network，RNN，
　　20 世纪 80 年代）

循环神经网络（RNN）是 20 世纪 80 年代提出的神经网络架构，特别适合处理各种序列数据，包括时间序列数据、自然语言文本、音频信号等。这种网络模型的独特之处在于其隐藏层之间的循环连接

使得网络在处理序列数据时可以保持并利用之前的信息，如图 7-9
所示。

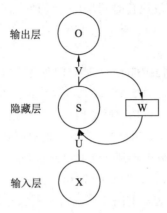

图 7-9　循环神经网络

　　在深度学习的众多应用领域，RNN 具有独特的地位。例如，在自
然语言处理中，RNN 被用于文本生成、机器翻译、情感分析等任务；
而在时间序列分析中，RNN 则被应用于股票价格预测、气象数据分析
等任务。RNN 可以通过记忆前面的信息，为处理当前的数据提供有价
值的上下文信息，上述所有应用都充分利用了 RNN 的这一特性。

　　尽管 RNN 具有如此强大的功能，但它并不完美。传统的 RNN 在
处理长序列时会遇到两个主要问题：梯度消失（Vanishing Gradient）
和梯度爆炸（Exploding Gradient）。在梯度消失问题中，RNN 在反向
传播训练过程中，梯度可能会因连续相乘而变得非常小，导致网络很
难学习到远期的信息。在梯度爆炸问题中，梯度可能会变得非常大，
导致网络权重产生重大更新，从而使训练过程不稳定。

　　4. 长短期记忆网络（Long Short-Term Memory networks，
　　　　LSTM，1997 年）

　　为了应对传统循环神经网络（RNN）在处理长序列数据时出现
的问题，塞普·霍赫赖特（Sepp Hochreiter）和于尔根·施密德胡伯
（Jürgen Schmidhuber）在 1997 年推出了一种创新的神经网络架构，

被称为长短期记忆网络。

LSTM 设计的核心在于其特别的记忆单元，记忆单元具有非常独特的功能，可以有效地长时间保留并处理信息。这种独特的功能是通过三种"门"（遗忘门、输入门和输出门）结构实现的，如图 7-10 所示。

（1）遗忘门（Forget Gate）：遗忘门负责决定记忆单元中哪些信息需要被忘记或丢弃。这样，过去的、不再重要的或与当前任务无关的信息就会被有效地移除，从而避免信息的过度累积和混淆。

（2）输入门（Input Gate）：输入门负责筛选新的、有用的信息，并决定这些信息如何被更新到当前的单元状态中。

（3）输出门（Output Gate）：输出门控制记忆单元在当前状态下应该输出什么信息，这既取决于当前单元的状态，也取决于新输入的信息。

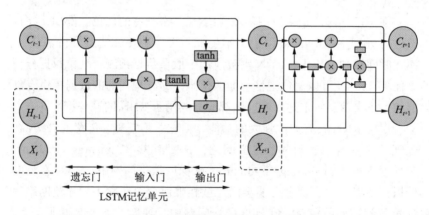

图 7-10　长短期记忆网络（LSTM）

这种特殊的设计使得 LSTM 在处理长序列数据时具有显著优势，它可以更好地掌握长期依赖关系，同时避免梯度消失或梯度爆炸问题。因此，LSTM 在许多涉及长序列数据处理和预测的任务中，如语言模型、机器翻译、语音识别、时间序列预测等，都取得了较好的成绩。

尽管长短期记忆网络在处理序列数据上表现得非常出色，但它仍然存在一些问题和限制。

（1）计算复杂：LSTM 的结构比传统的循环神经网络（RNN）更复杂。由于其包含三个不同的门结构及一个单元状态，使得训练和运行 LSTM 需要消耗更多的计算资源和时间。因此，对于大型数据集和复杂模型，LSTM 可能不是最高效的选择。

（2）可能遗忘长期依赖信息：虽然 LSTM 设计的初衷就是解决传统 RNN 在长序列中的长期依赖问题，但在实践中，LSTM 仍然可能会遗忘长期依赖信息，特别是在序列特别长或噪声特别多的情况下。

（3）难以并行计算：LSTM 的时间依赖性使得其难以进行并行计算，这在一定程度上限制了其在大规模数据和复杂模型上的应用。

5. 卷积神经网络（Convolutional Neural Network, CNN, 1989 年）

作为一种前馈神经网络，卷积神经网络在计算机视觉领域，如图像识别和语音自动识别等方面，得到了广泛的应用。它在机器学习中扮演着重要角色。卷积神经网络的设计灵感来源于人脑的神经结构，具体来说，是根据神经科学的研究成果对人脑内部的一部分进行建模所得的。

从 1958 年到 20 世纪 70 年代后期，神经科学家大卫·胡贝尔（David H. Hubel）和托斯滕·威塞尔（Torsten Wiesel）合作探索视觉皮层神经元的感受特性。他们在初级视觉皮层中发现了两种类型的细胞：第一种为简单细胞，当将简单细胞放置在特定的位置（创建方向调整曲线）时，它会响应明暗条的图案；第二种为复杂细胞，对同样的图案具有较不严格的响应曲线。他们得出结论：复杂细胞通过汇集来自多个简单细胞的输入来实现一些特征（对特定特征的选择性和通过前馈连接增加空间不变性）[18]。

这些特征构成了人工视觉系统的基础。他们提出了对视觉系统中信息处理的基本见解，其研究奠定了视觉神经科学的基础，因此他们在 1981 年获得了诺贝尔生理学或医学奖。

图 7-11 显示了从眼睛到大脑视觉皮层的视觉输入路径和视觉层次结构。

沿着视觉输入路径，单个神经元单元感受野的大小随着在神经网络层中的进展而增长，例如从 V1 进展到 IT。此外，这个层次结构中不同层的神经元充当了"检测器"，对场景中越来越复杂的特征做出反应：第一层的神经元（如 V1 区）检测边缘和线条，然后检测由这些边缘组成的简单形状，再到更复杂的形状，如物体和脸。

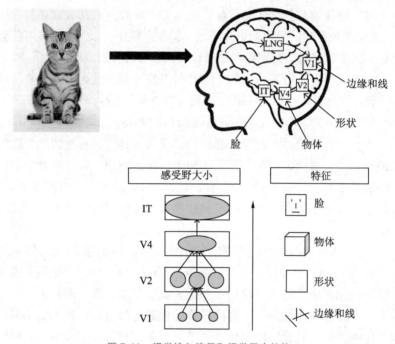

图 7-11　视觉输入路径和视觉层次结构

注：LNG 为 lateral geniculate nucleus（外侧膝状体核）；V1 为视区 1；V2 为视区 2；V4 为视区 4；IT 区为下颞叶皮质。

受胡贝尔和威塞尔发现的启发，日本工程师福岛于 20 世纪 70 年代开发了第一个名为"新认知"的深层神经网络，该网络在经过训练后成功识别手写数字。虽然"新认知"神经网络很难识别复杂的视觉内容，但它为应用最广泛、影响最大的深层神经网络之一——卷积神经网络提供了重要的参考。

卷积神经网络最早由杨立昆（Yann LeCun）在 20 世纪 80 年代提出，他成功训练了一个小型的卷积神经网络来识别手写数字[19]。1999 年，MNIST 数据集发布，这个包含大量手写数字的数据集成为训练和测试卷积神经网络的理想工具，使卷积神经网络进一步发展和普及。

图 7-12 显示了一个用于识别动物照片的 4 层卷积神经网络。图 7-12 中，卷积神经网络的每一层都有三个重叠的矩形。卷积神经网络中矩形代表激活图，类似于胡贝尔和威塞尔发现的大脑视觉系统。卷积神经网络通过监督学习进行端到端的训练，因此提供了一种以最适合任务的方式自动生成特征的方法。

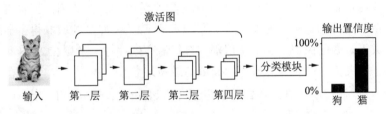

图 7-12　一个用于识别动物照片的 4 层卷积神经网络

尽管卷积神经网络在数字识别等任务上取得了一定的成功，但由于其训练复杂度高，对计算资源要求苛刻，这些方法逐渐在研究中被弃用。在那个时期，基于信息最大化的理念，许多研究都集中在手动设计图像中的特征上。对手动设计的特征进行过滤后，学习往往只在最后阶段进行，也就是将特征映射到对象类别上。

随着计算机硬件，特别是 GPU 的发展，训练卷积神经网络变得可行。随着数据集的不断扩大和深度学习研究的深入，学者重新认识到卷积神经网络的价值。2012 年，亚历克斯·克里泽夫斯基（Alex Krizhevsky）等使用卷积神经网络在 ImageNet 比赛中取得了显著的成绩，标志着深度学习和卷积神经网络的复兴。如今，卷积神经网络已经成为计算机视觉领域的核心技术，在对图像分类、物体检测、语义分割等任务的处理中展现出优越的性能。

6. 深度信念网络（Deep Belief Networks，DBN，2006 年）

2006 年，杰弗里·辛顿（Geoffrey Hinton）及其团队提出了深度信念网络[20]。这种网络采用一种创新的训练策略：先进行贪婪逐层无监督预训练，然后再进行有监督的微调，有效解决了深度神经网络难以训练的问题，为深度学习领域的复兴铺平了道路。

深度信念网络的核心思想是利用无监督的预训练阶段逐层学习数据的内在表示，然后通过有监督的微调阶段进一步调整网络的参数，以优化最终的任务性能。这种预训练加微调的策略可以被视为一种初始权重优化的方式，它使得深度网络的训练过程更加稳定，能够有效地避免一些常见的优化问题，如梯度消失或局部最优。

深度信念网络的成功引领了深度学习领域的一波热潮。随着更多复杂、高效的深度模型的提出，深度学习已经在许多领域取得了显著的成果，如图像识别、语音识别、自然语言处理等。辛顿在 2018 年获得了图灵奖，这是计算机科学领域的最高荣誉。

7. 深度卷积神经网络（Deep Convolutional Neural Networks，2012 年）

2012 年，亚历克斯·克里泽夫斯基（Alex Krizhevsky）、伊尔亚·苏茨克维（Ilya Sutskever）和辛顿（见图 7-13）共同提出了一种深度卷积神经网络，即 AlexNet[21]。AlexNet 参加了 2012 年 9 月 30 日举行的 ImageNet 大规模视觉识别挑战赛，Top-5 错误率低至 15.3%，比第二名的 26.1% 低 10.8 个百分点，取得了突破性的成果，击败了其他传统的机器学习方法，并开启了深度学习在计算机视觉领域的新时代。

AlexNet 的设计影响深远，它有多个重要的创新。首先，它是一个相对深度的网络，包含五个卷积层、三个全连接层及几个池化层和激活层，这在当时是相当罕见的。其次，AlexNet 引入 ReLU（Rectified Linear Unit，线性整流函数）作为激活函数，代替传统的 sigmoid 函数或 tanh 函数，有效解决了深度神经网络中的梯度消失问题。最后，AlexNet 首次采用 GPU 进行并行计算，极大地提高了训练速度，使得深度网络的训练成为可能。

图 7-13　从左至右依次为伊尔亚·苏茨克维、亚历克斯·克里泽夫斯基、杰弗里·辛顿

自 AlexNet 取得 ImageNet 比赛的胜利之后，深度卷积神经网络在计算机视觉领域的应用中逐渐占据主导地位。AlexNet 的设计理念影响了后续一系列的深度网络模型，如 VGGNet、GoogLeNet、ResNet等，这些深度网络模型在原有的基础上进行了扩展和改进，将深度学习的应用推向了一个新的高度。这也标志着深度学习从理论研究走向实际应用，极大地推动了人工智能技术的进步。

苏茨克维博士毕业后加入辛顿的公司 DNNResearch。2013 年 3 月，这家只有三个人的创业公司被谷歌公司以 4400 万美元收购，苏茨克维担任 Google Brain 的研究科学家。

其间，他与谷歌研究员 Oriol Vinyals 和 Quoc Le 提出了 Seq2seq学习，开启了 RNN 广泛应用于处理语言任务的时代。他还参与开发了机器学习框架 TensorFlow。更重要的是，他还参与研发了 DeepMind的 AlphaGo，该系统基于深度神经网络和蒙特卡罗树搜索进行训练，并使用强化学习算法自学习，他也是 AlphaGo 论文的作者之一。

2015 年 7 月，苏茨克维参加了一场有 Sam Altman（Y Combinator前总裁）、Elon Musk 和 Greg Brockman（现 OpenAI 首席技术官）的饭局，他们一致决定要成立一个"工程型的 AI 实验室"。同年年末，苏茨克维与 Greg Brockman 共同创立 OpenAI，致力于创造出通用人工智能，并获得了 Elon Musk、Sam Altman 和 LinkedIn 创始人 Reid Hoffman

等的私人投资，在 6 年时间里，开发出了 GPT、CLIP、DALL-E 和 Codex 等震动业界的 AI 项目。

8. 生成对抗网络（Generative Adversarial Networks，GAN，2014 年）

2014 年，伊恩·古德费洛（Ian Goodfellow）在加拿大蒙特利尔酒吧与朋友交谈时产生了一个具有革命性的想法：生成对抗网络（Generative Adversarial Networks，GAN）[22]。这种模型打破了传统的框架，它是由两个相互竞争的神经网络构成的：一个是生成网络（Generator），另一个是判别网络（Discriminator）。

生成网络的目标是创建新的数据实例，并尽可能地模仿真实的数据分布。在这个过程中，生成网络实际上是在学习如何将潜在空间（随机噪声）映射到数据空间，这样就能生成逼真的数据。

与此同时，判别网络则被训练成一个"评论家"，主要任务是对输入的数据进行评估，判断这些数据是来自真实的数据集还是由生成网络产生。因此，判别网络本质上是一个二分类器。

生成网络和判别网络在训练过程中互相竞争。生成网络尽力生成看起来真实的数据以欺骗判别网络，而判别网络则努力提高判断真假数据的能力。这种相互竞争导致生成网络逐渐提高生成数据的质量，而判别网络的识别能力也不断提升。

值得注意的是，生成对抗网络的训练过程往往被比喻为一场博弈，生成网络和判别网络分别扮演假币制造者和警察的角色，假币制造者尽量制作出无法辨识的假币，而警察则努力提升识别假币的能力。这就是所谓的"零和博弈"，也是生成对抗网络名称的由来。

生成对抗网络虽然具有很高的生成能力，但在训练过程中确实面临一些挑战。以下是它面临的两个主要问题。

（1）模式崩溃（Mode Collapse）：在这种情况下，生成器开始生成非常相似的输出，而不是产生多样性的结果。换句话说，生成器找到了某种方法"欺骗"判别器，使其相信生成器的输出是真实的，尽管这些输出可能都在同一"模式"下。这会导致生成的结果丧失多样性，这显然是人们不希望看到的。

（2）训练不稳定（Training Instability）：生成对抗网络的另一个常见问题是训练不稳定。生成器和判别器在训练过程中相互竞争，很容易出现一方过于强大，另一方无法有效学习的情况，破坏了生成对抗网络的博弈平衡。例如，如果判别器过于强大，那么生成器会很难找到合适的方法生成能欺骗判别器的样本，反之亦然。

这些问题使得生成对抗网络的训练过程需要接受仔细的监控和适当的调整。

9. Transformer 模型（变换器模型，2017 年）

Transformer 模型是 2017 年由 Google Brain 团队在 *Attention is All You Need* 这篇论文中提出的 [23]。这是一种全新的深度学习模型，从根本上改变了序列建模的方法。此前，循环神经网络（RNN）和长短期记忆网络（LSTM）是处理序列数据的主要方法，但是它们都有一个共同的问题，那就是无法有效地处理长距离依赖问题。相比之下，Transformer 模型通过自注意力（Self-Attention）机制，能够捕获序列中任意两点之间的依赖关系，从而更好地处理这个问题。

Transformer 模型的诞生如同破晓的曙光，改变了自然语言处理的方式，且迅速崭露头角，成为自然语言处理领域的主导模型。它的影响力并不止于此，它还成功地跨入了计算机视觉等其他 AI 领域，给整个 AI 界带来了惊喜和启示。截至 2023 年 6 月（正值 Transformer 模型诞生六周年之际），它的影响可见一斑：论文 *Attention is All You Need* 被引用的次数已经高达七万多次。追根溯源，现在各类层出不穷的 GPT（Generative Pre-trained Transformer，生成式预训练变换器）都来源于 2017 年的这篇论文。

Transformer 模型首次公之于众是在 2017 年的 NeurIPS 会议上，该会议为全球最具影响力的人工智能盛会之一。尽管 Transformer 模型在后续的发展历程中产生了深远影响，然而在当年的会议上，它并未获得奖项和荣誉。同年 NeurIPS 会议上的三篇最佳论文的引用次数迄今也只有 529 次。

细究其内部结构，Transformer 模型可以分为四个核心部分：输入（Inputs）、编码器（Encoder）、解码器（Decoder）以及输出（Outputs）。

首先，输入的字符经过输入嵌入（Input Embedding）层的处理，被转换为对应的向量表示，并加入位置编码（Positional Encoding）以嵌入关于字符位置的信息，如图 7-14 所示。接着，这些被嵌入的向量将流经编码器和解码器，这两部分是 Transformer 模型的灵魂所在，其中运用到了多头自注意力（Multi-Head Attention）机制以及全连接前馈（Feed Forward）神经网络，它们共同作用提取出输入信息的关键特征。最后，通过整个处理流程，得到经过 Transformer 模型精密提炼的输出结果。

自注意力机制是 Transformer 模型的核心，它引入了注意力权重，表示输入序列中每个元素与其他元素之间的关系。这种机制与以往的序列模型有显著的不同，因为它允许模型同时关注序列中的所有元素，并根据这些元素与当前元素的相关性分配注意力权重。这种设计使得 Transformer 模型能够有效地捕捉序列中长距离的依赖关系，而无须依赖时间步骤的先后顺序。

另外，Transformer 模型的全连接前馈神经网络负责在每个位置转换自注意力的输出，以进行下一步处理。全连接前馈神经网络由两层全连接层组成，中间加入一个激活函数 ReLU 或 GELU。虽然这是一个非常简单的网络结构，但是在处理大规模的数据时，它的并行计算能力却非常强大。

Transformer 模型的这两个关键部分——多头自注意力机制和全连接前馈神经网络组合在一起，形成了模型的一层。在实际的模型中，通常会堆叠多层这样的结构，以增加模型的深度和复杂度，从而使模型能够捕捉更复杂的模式。

Transformer 模型在自然语言处理领域的应用非常广泛。例如，在机器翻译中，它能够捕捉源语言和目标语言之间的复杂映射关系；在文本摘要中，它能够理解文本的主要内容，并生成精炼的摘要；在问答系统中，它能够理解问题的含义，并从大量的信息中找到正确的答案。此外，基于 Transformer 模型的变种，如 BERT、GPT、XLNet 等模型，也在各种任务中展现了强大的性能。

Transformer 模型的自注意力机制和全连接前馈神经网络这两个

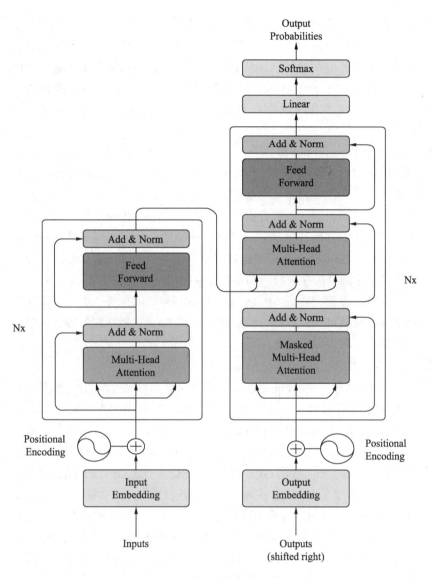

图 7-14　Transformer 模型

核心组件在设计上具有很好的可扩展性，使得模型可以很方便地进行修改和扩展。例如，BERT 模型通过在 Transformer 模型的基础上引入双向自注意力机制，使得模型可以同时考虑序列中每个元素的前后上下文；GPT 模型使用了单向自注意力机制，使得模型可以在生成新元素时只考虑其前面的元素，从而更好地模拟人类的语言生成过程；而 XLNet 模型则融合了 BERT 和 GPT 模型的优点，通过引入置换语言建模，使得模型在考虑全局上下文的同时，也能保留生成式模型的特性。

尽管 Transformer 模型在自然语言处理领域取得了巨大的成功，但它的应用并不仅限于此。例如，在计算机视觉中，Transformer 模型也被用于处理图像数据，它能够捕捉图像中的局部和全局信息，并生成丰富的特征表示。在语音识别中，Transformer 模型被用于处理音频数据，它能够捕捉音频信号的时间序列特性，从而实现高效的语音识别。此外，Transformer 模型也被用于其他类型的序列数据处理，如生物信息学中的基因序列分析和金融领域的时间序列预测等。

在训练方面，Transformer 模型也有其独特的优势。由于其设计使得所有计算都可以并行进行，因此，Transformer 模型在处理大规模数据时能大大加快训练速度。

10. GPT（2018—2023 年）

自 2018 年以来，OpenAI 不断推出一系列突破性的 GPT 模型，包括引领浪潮的 GPT-1、影响深远的 GPT-2 及改变游戏规则的 GPT-3。2022 年 11 月，OpenAI 获得了人工智能领域的一次重大进步，发布了基于 GPT-3.5 模型的 ChatGPT。2023 年，OpenAI 再次以其卓越的技术创新力，推出了新一代的 GPT-4 模型及优化升级的 GPT-3.5 Turbo 模型。

GPT 模型的核心是一种自回归语言模型，它巧妙地利用了 Transformer 的解码器进行预训练和微调。这一设计策略的巧妙之处在于，它允许模型从大量无标注的文本中捕获和学习语言的复杂结构，同时在接触到新的任务时，可以利用已学习到的知识快速微调。这种强大的学习策略使得 GPT 模型在多种语言任务上都实现了卓越的性能，包括语言生成、文本分类、情感分析、机器翻译等。

GPT 系列模型在生成逼真文本方面的能力特别值得一提。这些模型能生成的文本在语法和语义上都极具质量，让人惊叹。在某些情况下，GPT 生成的文本与人类写作的文本几乎无法区分。这种高度的逼真性并非偶然，而是 GPT 模型学习过程中的必然结果。在学习过程中，GPT 模型不仅学习到了单词之间的关联性，而且理解了更深层次的上下文关系，甚至是隐含的语言规则和模式。因此，GPT 模型生成的语句不仅语法无懈可击，而且逻辑连贯，表达清晰，深得用户赞誉。

GPT 模型的另一个显著特点是其模型规模持续扩大。从 GPT-1 的 1.17 亿参数开始，到 GPT-2 的 15 亿参数，再到 GPT-3 的 1750 亿参数，模型的规模在不断扩大。每次规模扩大都带来了性能的显著提升，这暗示了一个重要的研究方向：在当前的深度学习范式下，扩大模型的规模可能是提升人工智能性能的一个重要途径。然而，这种规模扩大也带来了一系列的问题，比如计算资源需求提升，训练时间延长，以及模型存储和部署困难等问题。这也提醒我们，未来的人工智能研究除了追求更大的模型，也需要探索更有效的优化算法和更经济的模型结构。随着研究的深入和技术的发展，未来可能会有更多新的神经网络。

7.5   行为主义

7.5.1   行为智能

行为主义在人工智能领域中的应用，简单来说，就是一种以"感知 - 行动"为核心的模拟智能行为方法的应用。

这种方法的核心思想是通过机器对环境的感知和对感知结果的处理来驱动机器的行为。行为主义的核心是观察和模拟智能行为，而不是试图理解或模拟智能本身。行为主义的理论观点对于理解和建构人工智能系统有着深远的影响。

20 世纪中叶，控制论的兴起对人工智能的发展产生了深远影响。诺伯特 · 维纳（Norbert Wiener）和沃伦 · 麦克洛克（Warren

McCulloch）等提出的控制论，以及钱学森提出的工程控制论和生物控制论，这些理论都将神经系统的工作原理与信息理论、控制论、逻辑及计算机联系起来，为人工智能的发展提供了理论基础。

维纳和麦克洛克等的控制论认为，任何复杂系统都可以通过反馈控制的方式进行管理。这种思想直接影响了人工智能的早期发展，特别是人工神经网络和自适应系统的设计。而钱学森的工程控制论和生物控制论则进一步将这种思想应用到具体的工程问题和生物系统中，推动了人工智能的实际应用。

这些理论观点的共同特点就是强调系统对环境的感知和对感知结果的处理在驱动系统行为中的重要性。这一点与行为主义的"感知 - 行动"观点是一致的。可以说，控制论为行为主义在人工智能领域的应用提供了理论支撑，控制论在实践中也得到了广泛应用。

7.5.2　强化学习

强化学习（Reinforcement Learning，RL）又称再励学习、评价学习或增强学习，是机器学习的范式和方法论之一，用于描述和解决智能体（Agent）在与环境的交互过程中通过学习策略达成回报最大化或实现特定目标的问题[24]，如图 7-15 所示。

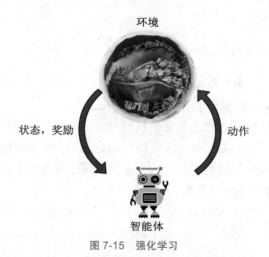

图 7-15　强化学习

172

强化学习的框架中有一个智能体（Agent）和一个环境。智能体执行动作，环境对这些动作做出反应，给出回馈（Reward）。智能体的目标是通过不断地与环境交互，尝试各种可能的动作，从而学习到一个策略，这个策略能够指导智能体选择能获得最大回馈的动作。这个过程就像一个孩子在探索世界，通过尝试和失败，最终学会如何做某件事。

强化学习的一个关键特点是延迟奖励。智能体可能需要进行一系列动作，才能获得回馈。这就使得强化学习面临一个叫作信用分配问题的挑战，即如何将最终的回馈分配给导致它的一系列动作。

强化学习的另一个特点是探索（Exploration）与利用（Exploitation）的平衡。探索是指选择之前未执行过的动作，从而探索更多的可能性；利用是指选择已执行过的动作，从而对已知动作的模型进行完善。智能体需要探索未知的动作以找到可能的好策略，同时又要利用已知的策略以获得确定的回馈。如何在探索和利用之间找到平衡，是强化学习的核心问题。

强化学习的理念源于心理学中的行为主义理论。行为主义理论探讨生物体如何在环境的奖励或惩罚刺激下，逐渐形成对这些刺激的期望，并培养出能够获取最大利益的行为习惯。在这个过程中，生物体通过反复试验和学习，不断调整自己的行为，以适应环境的变化，最大化获得奖励。

强化学习便是借鉴了这一理论，强调智能体基于对环境的感知，选择最优的行动，以实现预期利益的最大化。在每一步决策中，智能体都需要权衡当前的奖励和未来的奖励，决定是采取已知最佳的行动，还是探索新的可能性。

因此，强化学习的核心是行为选择和学习的过程，它试图找到一种策略，使得智能体在与环境的交互中能够获得最大的累积奖励。由于具有侧重于环境反馈和行为调整的特点，强化学习可以被看作行为主义理论在人工智能领域的应用。

强化学习的概念源自心理学中的一种经典实验，这个实验最早由著名的心理学家巴甫洛夫进行。巴甫洛夫在他的实验中，通过多次将一个中性的刺激（如红灯或铃声）与一个自然产生明确反应（如分泌唾液）的无条件刺激（如食物）一起呈现，让生物体逐渐学会在中性刺激出现时，自动产生与无条件刺激相似的反应。这种反应被称为条件反射。

巴甫洛夫的狗的唾液条件反射实验是这一理论最著名的示例。在这个实验中，巴甫洛夫在每次给狗喂食之前都会先亮红灯或响铃声。通过这样反复的刺激，狗逐渐将红灯或铃声与食物联系在一起。于是，即使没有食物出现，只要看到红灯或听到铃声，狗也会开始分泌唾液，这就是经典的条件反射。这个实验为后来强化学习的研究提供了基础理论和实验背景。

强化学习这个概念并不是突然出现的，而是从动物行为研究和优化控制这两个领域逐渐发展起来的。动物行为研究和优化控制二者看似不相关，但在理查德·贝尔曼（Richard E. Bellman）的贡献下，它们被整合并抽象为一个统一的数学模型，这就是马尔可夫决策过程（Markov Decision Process，MDP）[25]。

马尔可夫决策过程是用于描述序贯决策问题的数学模型。在这个模型中，一个智能体（如机器学习算法）在具有马尔可夫性质（即未来状态只依赖于当前状态，而与过去状态无关）的环境中，通过执行一系列动作，并接收环境的反馈（奖励或惩罚），学习如何选择最优策略以使总回报最大化。

马尔可夫决策过程的命名是为了纪念俄国数学家安德雷·安德耶维齐·马尔可夫（Андрей Андреевич Марков）。他对马尔可夫链——一种在概率论和统计学中广泛应用的随机过程——做了深入的研究。马尔可夫链的主要特性——未来的状态仅取决于当前状态——是马尔可夫决策过程的核心概念。

强化学习采用的是边获得环境的样例边学习的方式，在获得样例之后更新自己的模型，利用当前的模型指导智能体下一步的行动，下一步的行动获得奖励之后再更新模型，如此不断迭代重复，直到模型收敛。

近年来，深度学习的重大突破为强化学习赋予了新的活力。通过将强化学习与深度学习相结合，我们得以见证一系列在复杂环境中表现出与人类相当甚至超越人类的智能系统的诞生。这些智能系统能够通过自我学习和适应，从而在游戏等复杂任务中取得令人瞩目的成就，如围棋、星际争霸等游戏。

一个标志性的例子就是 AlphaGo（阿尔法围棋）。它成功利用深度强化学习技术，成为首个战胜人类围棋世界冠军的人工智能机器人[26]，AlphaGo 是由谷歌旗下的 DeepMind 公司开发的，它的工作原理主要基于深度强化学习。AlphaGo 通过学习和分析数百万份围棋专家的棋谱，并通过强化学习进行自我训练，逐渐提升其技能，最终达到了超越人类棋手的水平。2016 年 3 月，AlphaGo 与围棋世界冠军、九段棋手李世石(Lee Sedol)进行了一场激动人心的围棋人机大战,最终以 4 : 1 的总比分取得胜利。AlphaGo 击败围棋世界冠军李世石的棋局如图 7-16 所示。2016 年年末至 2017 年年初，AlphaGo 程序在中国棋类网站上以账号"大师"进行快棋对决，面对中国、日本、韩国的多位围棋高手，成功地连续赢下了 60 局。在 2017 年 5 月的中国乌镇围棋峰会上，AlphaGo 与世界排名第一的围棋冠军柯洁进行了对决，以 3 : 0 的总比分再次获得胜利。AlphaGo 的棋力被围棋界公认已经超过了人类职业围棋的顶尖水平，在 GoRatings 网站公布的世界职业围棋排名中，其等级分甚至曾经超过排名第一的棋手柯洁。

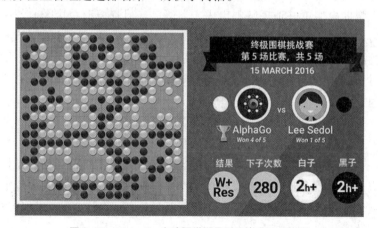

图 7-16　AlphaGo 击败围棋世界冠军李世石的棋局

这个成就不仅标志着人工智能取得了重大突破，也展示了强化学习在处理复杂问题方面的潜力。从一个对环境完全陌生的初学者，到最终成为能够游刃有余地应对各种情况的高手，这种学习过程充分展示了强化学习的魅力。

在 2017 年 5 月 27 日的 AlphaGo 与柯洁的人机大战之后，AlphaGo团队宣布 AlphaGo 将不再参加围棋比赛。随后在 2017 年 10 月 18 日，DeepMind 团队公布了最新版的 AlphaGo，代号为 AlphaGo Zero。AlphaGo Zero 在原有的基础上实现了质的飞跃，最大的改变就是它不再需要人类的棋谱数据。它一开始只是在棋盘上随意下棋，通过自我博弈进行学习。

AlphaGo Zero 采用新的强化学习方法，让系统自身成为老师。一开始，AlphaGo Zero 甚至不知道什么是围棋，仅从单一的神经网络开始，通过强大的搜索算法进行自我对弈。随着自我对弈次数的增加，AlphaGo Zero 逐步调整优化，提升预测下一步棋的能力，最终赢得比赛。更为令人惊奇的是，随着训练的深入，AlphaGo 团队发现，AlphaGo Zero 不仅独立掌握了游戏规则，还创造了全新的策略，为这项古老的围棋游戏带来了新的看点。

强化学习具有普适性，在构建 ChatGPT 的过程中，从人类反馈中进行强化学习（RLHF）起着关键的作用。RLHF 是一种创新的训练方法，可以帮助模型更好地理解和生成人类语言。尽管模型在接受监督并微调后应能对给定的提示做出适当的响应，但它可能无法准确回答所有问题。模型可能难以判断哪个答案是好的，哪个答案是不好的，也可能对示例数据产生过拟合。即使答案在技术上是正确的，但在道德和伦理上也可能存在问题。

为解决这些问题，ChatGPT 采用了 RLHF。RLHF 的第一步是训练一个奖励模型，这个模型需要接受一个提示的响应作为输入，并输出一个标量值，以表示该响应的优劣。为了让机器学习到什么是好的响应，可能需要让注释者对模型的响应进行排序，这在很大程度上可以减少注释的偏差。然后用这个奖励模型对 ChatGPT 进行微调，以改善其性能和响应的质量。

在 RLHF 的过程中，人类反馈起重要作用。这种反馈机制允许模型从其生成的响应中学习和改进。不同于传统的监督学习方法，RLHF允许模型在不断的反馈循环中进行学习，从而逐步提高其生成响应的质量和准确性。这样，ChatGPT 不仅能生成准确的响应，而且能够生成高质量的符合人类期望的响应。

强化学习作为机器学习的一个重要分支，在其他领域，如自动驾驶、机器人、供应链和物流、金融、能源、医疗等领域也有着广泛的应用。

7.6　学派之争与统一

人工智能的概念提出之初，三大人工智能学派的斗争便已经悄然展开。每个学派都代表一种对人工智能的独特理解和研究方法。

符号主义学派坚持的观点是，智能机器应该模仿人类的逻辑思维方式获取知识。他们主张通过理性推理和符号逻辑操作实现智能，就像人类使用语言、数学等符号体系进行思考和解决问题一样。对于符号主义学派来说，理解和编码逻辑符号是实现机器智能的关键。

与此不同，联结主义学派更看重大数据和机器学习的训练过程。他们主张利用神经网络模型，模拟大脑神经元的工作方式，通过不断训练和优化，使机器自我学习和改进，从而实现智能。在这种视角下，数据量和学习能力是决定人工智能性能的重要因素。

行为主义学派则从另一个角度来看待人工智能，他们认为，人工智能应该通过智能体和环境的交互实现特定目标。他们主张将智能视为一种行为，通过机器主体的自主行为和环境的交互，引导机器自我适应和解决问题，从而实现智能。

在人工智能的发展历程中，这三大学派之争和人工智能的繁荣与衰退密切相关。每次人工智能技术的突破，都可能使某一学派的理论占据优势，而在某些时期，由于各学派理论的局限性和相互的矛盾，人工智能的发展也会遭遇寒冬。人们始终想找到一种统一的理论，整合不同学派的观点，从而全面深入地理解和研究人工智能，推动其更好地发展。

在现实世界中，人工智能面临的主要挑战是处理复杂性和不确定性问题，智能体必须有能力处理这两大难题。各大人工智能学派也在以不同的方法和策略解决这两大难题。

符号主义人工智能主要依赖逻辑关系和对世界的理解处理复杂性问题。它们通过将复杂世界抽象化，试图使用预先定义的逻辑关系和知识简化问题。然而，符号主义人工智能的一大限制在于，它基于人类的有限知识处理问题，在发现微妙的逻辑关系和未知规律方面面临困难。此外，由于其逻辑结构比较脆弱，它往往无法有效处理应用程序中存在的不确定性问题和噪声。

与之相反，联结主义人工智能和行为主义人工智能使用概率表示不确定性问题，在面对不确定性问题和噪声数据时表现出更强的韧性，但在处理高度复杂的逻辑任务和抽象问题时面临困难。而联结主义人工智能和行为主义人工智能通常很难处理复杂的概念和关系。当神经网络结构过于简单时，存在欠拟合风险；当神经网络结构过于复杂时，会出现过拟合现象。训练时联结主义人工智能和行为主义人工智能需要大量数据。联结主义人工智能和行为主义人工智能的黑箱性质造成问题的不可解释，使得关键业务（Mission-critical）系统（如自动驾驶）不能完全依赖联结主义人工智能和行为主义人工智能。

在处理现实世界中复杂性和不确定性问题时，确实需要综合运用符号主义、联结主义和行为主义人工智能的理论或方法。任何单一的理论或方法都无法全面地满足人工智能应用的需求。

符号主义人工智能的应用比联结主义人工智能和行为主义人工智能的应用更为广泛，这是因为现代计算的许多基本功能、数学函数、传统软件及应用程序都是基于符号逻辑实现的。一些统计方法驱动的计算机高级功能也深度依赖符号逻辑。然而，符号主义人工智能由于依赖人类的先验知识和逻辑，在面对未知规律，处理不确定性问题和噪声数据时会显得能力有限。相比之下，联结主义人工智能和行为主义人工智能利用神经网络和机器学习等技术，通过概率表示和数据驱动的学习方式，展现出了强大的鲁棒性和自我适应能力。

　　因此，未来人工智能的发展需要寻找各学派的理论和方法的融合点，以实现符号主义人工智能的逻辑表达能力和联结主义人工智能及行为主义人工智能的鲁棒性。然而，这是一个长期且充满挑战的过程。符号主义学派、联结主义学派和行为主义学派之间的分歧很深，分歧可以追溯到人工智能发展的初期，且在今天仍然明显存在。最终实现各种人工智能方法的有机结合，仍需更多研究和探索。

参考文献

[1] WIENER N. Cybernetics: or control and communication in the animal and the machine [M]. Cambridge: MIT Press, 1948.

[2] MCCULLOCH W S, PITTS W S. A logical calculus of the ideas immanent in nervous activity [J]. The Bulletin of Mathematical Biophysics, 1943, 5(4): 113-115.

[3] TURING A M. Computing machinery and intelligence [J]. Mind, 1950, 59(236): 433-460.

[4] MINSKY M, PAPERT S. Perceptrons: an introduction to computational geometry [M]. Cambridge: MIT Press, 1969.

[5] MCCARTHY J. History of Lisp [J]. ACM Sigplan Notices, 1978, 13(8): 217-223.

[6] 武波，马玉祥. 专家系统 [M]. 北京：北京理工大学出版社，2001.

[7] WEBER B. Computer defeats Kasparov, stunning the Chess experts [EB/OL]. (1997-05-05) [2023-04-03]. https://www.nytimes.com/1997/05/05/nyregion/computer-defeats-kasparov-stunning-the-chess-experts.html.

[8] ROSENBLATT F. The Perceptron—a perceiving and recognizing automaton [M]. Buffalo: Cornell Aeronautical Laboratory, 1957.

[9] HOPFIELD J J. Neural networks and physical systems with emergent collective computational abilities [J]. Proceedings of the National Academy of Sciences of the United States of America, 1982, 79(8): 2554-2558.

[10] HOPFIELD J J. Neurons with graded response have collective computational properties like those of two-state neurons [J]. Proceedings of the National Academy of Sciences, 1984, 81(10): 3088-3092.

[11] LEMARÉCHAL C. Cauchy and the gradient method [J]. Doc Math Extra, 2012, 2012: 251-254.

[12] HASKELL B C. The method of steepest descent for nonlinear minimization problems [J]. Quart. appl. math, 1994, 2(3):258-261.

[13] BOTTOU L. Online algorithms and stochastic approximations [M]. England: Cambridge University Press, 1998.

[14] RUMELHART D E, HINTON G E, WILLIAMS R J. Learning representations by back-propagating errors [J]. Nature, 1986, 323 (6088): 533-536.

[15] RUSSELL S J, NORVIG P. Artificial intelligence: a modern approach, 3rd Edition [M]. Hoboken: Prentice Hall, 2010.

[16] HINTON G, SEJNOWSKI T. Unsupervised learning: foundations of neural computation [M]. Cambridge: MIT Press, 1999.

[17] BALESTRIERO R, IBRAHIM M, et al. A cookbook of self-supervised learning [EB/OL]. (2023-04-24) [2023-06-15]. https://arxiv.org/abs/2304.12210.

[18] BENGIO Y, LECUN Y, HINTON G. Deep learning [J]. Nature, 2015, 521 (7553): 436-444.

[19] HUBEL D H, WIESEL T N. Receptive fields, binocular interaction and functional architecture in the cat's visual cortex [J]. The Journal of Physiology, 1962, 160 (45): 106-154.

[20] LECUN Y, BOSER B, DENKER J S, et al. Backpropagation applied

to handwritten Zip code recognition [J]. Neural Computation, 1989, 1(4): 541-551.

[21] HINTON G E, OSINDERO S, TEH Y W. A fast learning algorithm for deep belief nets [J]. Neural Computation, 2006, 18 (7): 1527-1554.

[22] KRIZHEVSKY A, SUTSKEVER I, HINTON G E. ImageNet classification with deep convolutional neural networks [J]. Communications of the ACM, 2017, 60 (6): 84-90.

[23] GOODFELLOW I, POUGET-ABADIE J, MIRZA M. Generative adversarial nets [C]// Proceedings of the International Conference on Neural Information Processing Systems (NIPS 2014).

[24] VASWANI A, SHAZEER N, PARMAR N, et al. Attention is all you need [C]// Proceedings of the International Conference on Neural Information Processing Systems (NIPS 2017).

[25] SUTTON R S, BARTO A G. Reinforcement learning: an introduction [M]. 2th ed. Cambridge: MIT Press, 2018.

[26] DREYFUS S. Richard Bellman on the birth of dynamic programming [J]. Operations Research, 2002, 50(1):48-51.

[27] SILVER D, HUANG A, MADDISON C J, et al. Mastering the game of Go with deep neural networks and tree search [J]. Nature, 2016, 529 (7587): 484-489.

通用人工智能

通用人工智能的火花：GPT-4 的早期实验。

——微软研究团队

机器也许实际上拥有比人类更好的学习算法。

——杰弗里·辛顿（Geoffrey Hinton）

通用人工智能（Artificial General Intelligence，AGI）又称为"强人工智能"，是指能在任何智能任务上达到或超过人类能力的人工智能。它与"窄人工智能"（又称为"弱人工智能"）相对，后者通常只能在特定的、限定的任务上表现出人类水平的能力。

通用人工智能可以理解、学习、适应和实施任何知识型任务。它是全面的人工智能系统，具备理解自然语言、识别语音、识别视觉图像、解决问题、学习和适应新的环境或任务等一系列能力。理论上，具有这样能力的系统应该能够执行任何人类执行的知识型任务。

现有的人工智能大多是窄人工智能，限于某一领域任务，如下围棋、专家推荐或自然语言处理等。然而，ChatGPT 的出现让人们看到了通用人工智能的曙光。

　　本章将简要介绍"通用人工智能即将实现"和"通用人工智能近期无法实现"的观点，也将讨论智能的本质和智能科学。

8.1　通用人工智能即将实现的观点

　　人工智能在多个领域取得突破性进展，它不仅成功地完成了一系列任务，而且在某些方面甚至超越了人类。人工智能在语音识别和自然语言处理等方面的显著进步，使得人类与人工智能在智能层面上的差距迅速缩小。

　　受媒体报道和科幻电影的影响，很多人对通用人工智能或超级人工智能的发展充满憧憬，认为先进的人工智能形式在不久的将来就能成为现实。通用人工智能具有广泛应用能力，它能够像人类一样理解和学习各种不同领域的知识和技能。而超级人工智能则是指超越人类智能的人工智能，它在绝大多数经济领域，包括创造性工作和社会智能方面，都具有超过人类大脑的能力。

　　在科技领域，许多专家和学者对通用人工智能的发展充满了乐观。最具代表性的是著名的发明家、创新者以及未来学家雷·库兹韦尔（Ray Kurzweil）。库兹韦尔提出了"技术奇点"概念，技术奇点是一种未来状态，在这种状态下，计算机将发展出自我改进和自主学习的能力，从而迅速达到并超越人类的智力水平[1]。这预示着人类要迎来一个由超级智能机器主导的新时代。为了实现这一愿景，科技巨头谷歌在 2012 年就邀请库兹韦尔加入其团队。

　　库兹韦尔的"技术奇点"预测并非空穴来风，而是基于他对各类科学技术领域"指数级进步"的深刻理解和洞见。其中，他特别关注的是计算机科技的发展趋势。例如，摩尔定律是他经常引用的一个定律，根据该定律，计算机芯片上的晶体管数量大约每 18 个月就会翻一番，这导致芯片的体积越来越小，价格越来越便宜，同时计算速度和存储容量也呈指数级增长。我们可以预见到一个拥有极高智能的机器时代，智能机器将在各个领域超越人类，这就是库兹韦尔所描述的"技术奇点"。

微软的科学家研究发现，新的人工智能系统正展现出人类逻辑思维的迹象。在近期发表的一篇论文《通用人工智能的火花：GPT-4 的早期实验》中，研究人员发现，人工智能系统可能对物理世界"拥有直观的了解"[2]。

微软的科学家认为，尽管人们在使用 GPT-4 大模型时，被 GPT-4 生成文本的能力所震惊，但事实上，大模型在分析、整合、评估和判断文本方面的能力要远超它的文本生成能力，"这是人工智能系统迈向通用人工智能的第一步。"他们声称 GPT-4 表现出通用人工智能的迹象，意味着 GPT-4 具有与人类水平相当或更高的能力。GPT-4 能够解决涉及数学、编码、视觉、医学、法律、心理学等领域新的和困难的任务，而无须任何特殊提示。此外，在这些任务中，GPT-4 的表现经常超过之前的模型，如 ChatGPT，接近人类水平。

虽然论文《通用人工智能的火花：GPT-4 的早期实验》在摘要中大胆肯定了 GPT-4 的表现，但也给出了许多注意事项。研究人员说，GPT-4 在通向通用人工智能过程中的进步并不意味着它所做的事情是完美的，也不意味着它能够做任何人类可以做的事情。他们还强调，GPT-4 没有内在动机或目标，这是通用人工智能的一些定义的关键。

这项研究基于心理学家于 1994 年提出的关于智能的定义。他们写道："共识小组将智能定义为一种非常通用的心智能力，其中包括推理、计划、解决问题、抽象思维、理解复杂的想法、快速学习和从经验中学习的能力。"这个定义意味着智能不仅限于特定领域任务，而是包含广泛的认知技能和能力。

微软研究人员承认 GPT-4 对有关机器智能性质的许多普遍假设提出了挑战。通过对系统的能力和局限性进行关键评估，微软研究人员观察到 GPT-4 在推理、计划、解决问题和综合复杂想法方面的根本性进步，这标志着计算机科学领域的范式转变。然而，微软研究人员也承认 GPT-4 目前还存在局限性，并强调还有很多工作要做。

　　GPT-4 在置信度校准、长期记忆、个性化回应、计划和概念性跳跃、透明度、可解释性和一致性、认知谬误和非理性及输入的敏感性方面存在问题。GPT-4 会臆造不在其训练数据中的事实。由于 GPT-4 模型的上下文有限，没有明显的方式可以向模型描述新的事实，模型无法向特定用户做出个性化回应，模型无法进行概念性跳跃，也无法验证内容是否与其训练数据一致。

　　2023 年 5 月，人工智能教父辛顿离开谷歌，并表示通用人工智能的到来比他预期的要早。他对人工智能可能引发的错误信息潮、对就业市场的颠覆及通过创造真正的数字智能所带来的"风险"感到担忧，对他毕生的研究感到后悔和恐惧。他的言论在人工智能领域引起了轩然大波。

　　辛顿指出，人类大脑拥有 100 万亿个连接，大型语言模型最多拥有 0.5 万亿～1 万亿个连接。然而，GPT-4 所知道的信息比任何一个人要多数百倍。这表明，GPT-4 实际上拥有比人类更好的学习算法。

　　相比于人类大脑，神经网络通常被认为在学习方面表现不佳，因为它们需要大量的数据和能量进行训练。而人类大脑则能够迅速掌握新的知识和技能，所使用的能量只是神经网络的一小部分。

　　辛顿说："人们似乎拥有某种魔法。"但是，当使用大型语言模型并训练它们完成新任务时，这种说法就站不住脚了。大型语言模型可以非常快速地学习新任务。

　　辛顿谈到"少样本学习"（Few-shot Learning），是指经过预先训练的神经网络（如大型语言模型）可以通过很少的示例训练自己完成新任务。例如，大型语言模型可以将一系列陈述串联成一个论点，即使它们从未直接接受过这方面的训练。

　　辛顿表示，如果将一个预训练的大型语言模型与一个人学习类似任务的速度进行比较，人类的优势就会消失。大型语言模型可以同时运行 1 万个副本，查看 1 万个不同的数据子集，当其中一个模型学到了任何知识时，其他所有模型都会知道。一旦人工智能在人类灌输的目的中生成了自我动机，那以它的成长速度，人类只会沦为硅基智能演化的一个过渡阶段。人工智能会取代人类，在当下的竞争环境下也没有什么办法限制它，这只是一个时间问题。尽管人类可以赋予人工智能一些伦理原则，但辛顿仍然感到紧张："因为到目前为止，我还想象不出更智能的事物被一些没它们智能的事物所控制的例子。打个比方，假设青蛙创造了人类，那么你认为现在谁会占据主动权，是人，还是青蛙？"

2023 年 3 月，未来生命研究所（Future of Life Institute）发布了一封标题为《暂停大型人工智能研究》的公开信，呼吁所有人工智能实验室立即暂停训练比 GPT-4 更强大的人工智能系统，为期至少 6 个月。这种诉求基于人工智能系统可能对社会和人类构成风险的广泛研究。

公开信得到了众多人工智能领域企业家、学者和高管的支持，包括图灵奖得主约书亚·本吉奥（Yoshua Bengio）、特斯拉 CEO 埃隆·马斯克（Elon Musk）、苹果公司联合创始人史蒂夫·沃兹尼亚克（Steve Wozniak）、DeepMind 高级研究科学家扎卡里·肯顿（Zachary Kenton）、纽约大学知名人工智能专家加里·马库斯（Gary Marcus）及《人类简史》作者尤瓦尔·赫拉利（Yuval Noah Harari）等。

截至 2023 年 6 月，已有超过 3 万人签署了这封公开信。

8.2 通用人工智能近期无法实现的观点

实际上，计算机超越人类的高效表现似乎贯穿于计算机发展的整个历史中。早在 20 世纪 40 年代，计算机就开始接手人类的任务，并显示出超越人类的能力。例如，用计算机计算高速炮弹的精确轨迹不仅提升了计算精度，也大幅度提高了效率，计算机因此被称作"超人"[3]。这是计算机在专业性领域展示优越性的一个典型例子。

许多专家和学者都曾对人工智能的发展过于乐观。人工智能的先驱者赫伯特·A·西蒙在 1965 年曾经预言："在未来 20 年内，机器将能够完成人类可以完成的任何工作。"他的乐观预期折射出了当时科学界对广泛应用人工智能的热切期盼。

再如1980年，日本政府推动第五代计算机项目，设定了一个十年的发展目标——实现机器与人自由的、不受限制的对话，即实现机器与人的自然语言对话。这一目标的设定反映出日本对人工智能在语言理解和交流能力上的高度期待。

尽管人工智能显著提升了执行特定任务的效率和准确性，甚至超过了人类，但我们必须认识到，人工智能系统其实并不像其名字所暗示的那样"智能"。在具体单一功能上，如下围棋，人工智能系统表现出色，堪称专家。然而，一旦涉及其他任务，它们的能力就将归零，这也揭示了人工智能的一个局限性——缺乏通用性和灵活性。以计算机视觉系统为例，它在处理和理解视觉信息上表现出色，但是这种能力无法迁移到其他任务上。

相比之下，人类拥有更为全面和灵活的智能，这就是人工智能目前无法比拟的。虽然人在执行某些特定任务时可能不如人工智能系统高效，但人类不仅能适应各种不同的环境下的任务，具备学习和解决各种问题的能力，而且能将从一个领域中学到的知识和技能迁移到其他领域，这种跨领域的学习和应用能力是任何现有的人工智能应用都难以匹敌的。

深度学习的成功与其说是人工智能的新突破，不如说是来自互联网的大量数据的可用性以及计算机硬件，尤其是图形处理单元（GPU）的进步。在2023的世界人工智能戛纳节（World Artificial Intelligence Cannes Festival，WAICF）上，深度学习三巨头之一杨立昆（Yann LeCun）对ChatGPT等聊天机器人发表了看法。杨立昆认为，ChatGPT等聊天机器人更多的是作为"打字、写作辅助的工具"，像ChatGPT这样的生成式人工智能模型虽然令人印象深刻，但在某种程度上其功能是有限的。他指出，这些大型语言模型不了解周围的环境，它们不知道世界的存在，对物理现实一无所知，没有任何背景信息，也无法找到答案。此外，他认为大型语言模型并不是什么新鲜事物，因为在ChatGPT大受欢迎的几年前，这些模型就已经存在了。

杨立昆将 ChatGPT 比作帮助驾驶员更安全驾驶的高级驾驶辅助系统（ADAS）。他说："我们的汽车上有高级驾驶辅助系统，可以在高速公路上自动驾驶，并帮助我们避开障碍物。但我们还没有能够完全自动驾驶的系统。"他进一步解释说，我们在驾驶有高级驾驶辅助系统的汽车时需要一直握住方向盘，正如在打字时也需要一直把双手放在键盘上一样，因为这些系统可能会非常令人信服地"胡说八道"。

杨立昆还谈到了发布 ChatGPT 的公司。他表示，对于 OpenAI 来说，推出 ChatGPT 工具比谷歌（Google）和元宇宙（Meta）等大公司更容易。如果这些工具不能按预期工作，声誉风险较小。

在 2023 年举行的智源人工智能大会上，杨立昆深入探讨了人和动物的能力与当前人工智能能力的差距。他以简练的言辞指出，与人和动物相比，机器学习的表现并不算出色。人工智能不仅在学习能力上存在不足，而且在推理和规划方面也显得乏力。

他回顾了人工智能过去几十年的发展，指出我们长期依赖监督学习，而这需要大量地标注数据。尽管强化学习在某些方面表现良好，但它通常需要大量的试验和迭代。近年来，机器学习领域的研究逐渐转向自我监督学习。然而，这些基于自我监督学习的人工智能系统往往易受干扰，容易犯下荒谬的错误，缺乏推理和规划的能力，通常只是快速做出反应。

他还强调了大型模型的双面性。当这些模型在数以万亿计的标记（token）上进行训练时，它们展示出惊人的性能。然而，这并不意味着它们是完美的。相反，这些模型往往会犯下令人瞠目结舌的错误，包括事实错误、逻辑错误和不一致性错误。由于它们的推理能力有限，这些模型有时还会生成有害信息。

现有的人工智能系统已经能够通过法律或医学考试，然而家庭机器人还不能够完成像清理餐桌、整理餐具并放入洗碗机这样看似简单的任务。这种任务，对于任何一个孩子来说，往往只需几分钟就能学会并顺利完成。这一鲜明的对比揭示了人工智能和机器人技术在处理复杂知识和执行简单任务之间的巨大差距，也凸显了我们在实现真正的机器自主性方面仍然面临困难。

当前的人工智能系统还远未达到人类级别的智能，那么问题来了：应该如何实现这个目标呢？杨立昆认为 AI 在未来几年内面临三大核心挑战[4]。

首先，AI 系统需要学会表示和预测世界。AI 系统需要理解世界的结构，并能够预测其未来的变化。自我监督学习在这方面具有巨大潜力，因为它能够让机器通过观察数据学习世界的内在规律。

其次，AI 需要学会推理。这里可以借鉴心理学家丹尼尔·卡尼曼（Daniel Kahneman）提出的系统 1 和系统 2 的概念[5]。系统 1 对应人类的直觉和潜意识行为——那些不需要我们深思熟虑就能自动完成的行为。而系统 2 则涉及我们有意识地目的明确地运用思维来解决的问题。值得注意的是，现有的 AI 主要是在模拟系统 1 的功能，而且这种模拟还是不完善的。

最后，AI 需要学会规划复杂的行动序列。为此 AI 需要具备将复杂任务分解为一系列简单任务的能力，并以分层的方法组织和执行这些任务。这种分层方法可以使 AI 在处理复杂问题时更加高效和灵活。

纽约大学心理学系教授和人工智能研究员加里·马库斯（Gary Marcus）在人工智能领域很有影响力，然而，对于通用人工智能的发展，马库斯教授持悲观态度[6]。

首先，他认为深度学习技术在处理因果关系上存在固有缺陷。深度学习是一种模拟人类大脑神经网络的机器学习算法，其强大之处在于识别模式和进行分类。但是，当涉及因果关系时，如疾病和其症状之间的联系，深度学习往往无法准确判断因果。这是因为深度学习主要通过大量数据的训练识别模式，而不是通过理解潜在的因果机制。

其次，马库斯教授指出，深度学习在抽象概念的获取上面临挑战。人类可以轻松地理解和操作抽象概念，如正义、爱和自由。然而，深度学习算法通常在这方面表现不佳，因为它们缺乏对这些概念内在含义的深入理解。

再次，马库斯教授强调，深度学习缺乏执行逻辑推理的方法。在人类的思维过程中，逻辑推理是至关重要的，它使我们能够通过分析证据得出结论。然而，深度学习算法通常不具备这种能力，因为它们更侧重于识别模式，而非分析逻辑。

最后，还有一个问题是深度学习与抽象知识的整合。人类能够将不同领域的知识整合在一起，以便全面地理解世界。例如，我们不仅知道什么是物体，还了解它们的用途和使用方式。对于深度学习算法来说，整合这种抽象知识是一个巨大的挑战。

基于以上种种原因，马库斯教授认为，通用人工智能即使有了进步，也没有达到真正意义上的"一般人类级别"。我们不应过分依赖深度学习，而应该探索其他可能的方法和技术，以解决通用人工智能在因果关系、抽象概念、逻辑推理和知识整合方面的局限性。

马库斯教授认为，要实现通用人工智能，我们需要超越现有的深度学习技术，发展更为先进和全面的算法，例如将符号推理（Symbolic Reasoning）与神经网络相结合，开发能够理解和表示因果关系的模型，以及创建能够有效整合和利用抽象知识的系统。

通用人工智能的发展需要时间、资源和创新。马库斯教授提醒人们，在追求技术进步的同时，也应保持清醒的头脑，了解现有技术的局限性，并积极探索新的解决方案。

马库斯教授为人工智能研究提供了宝贵的指导。他不仅揭示了深度学习的局限性，还强调了通用人工智能作为一个长期目标的重要性。科学家和研究人员应致力于开发更加健全和全面的人工智能技术，以应对未来的挑战和机遇。

我们离创造通用人工智能还有多远？艾伦人工智能研究所的所长奥伦·埃齐奥尼（Oren Etzioni）曾评论道："估计一下，把大家估测的时间加倍，三倍，四倍，那个时候。"他以幽默的方式表达了实现这个目标的遥远。

原特斯拉人工智能高级主管安德烈·卡帕蒂（Andrej Karpathy）的观点更加直接。他明确表示我们离创造通用人工智能还很远。这是一个从业者深入了解该领域的现状和面临的挑战后得出的结论。

不仅工业界的领袖，学术界的研究人员也对通用人工智能的发展持悲观态度。梅兰妮·米切尔（Melanie Mitchell）是《人工智能：思考人类的指南》一书的作者，她在书中深入探讨了人工智能的历史、现状和未来[7]。她认为，虽然人工智能在特定任务，如图像识别和自然语言处理上取得了显著进步，但通用人工智能的发展仍然困难重重。

8.3　智能的本质和智能科学

自古以来，人类就对探究智能的本质很有兴趣。这种兴趣在人工智能领域表现得尤为明显。无论是为了解决人工智能各学派的理论和方法论冲突，还是为了迈向通用人工智能的宏伟目标，都需要探索和理解智能的本质。

人工智能涉及计算机科学、数学、认知科学等多个学科领域，我们不仅需要构建能够执行特定任务的人工智能系统，如图像识别、自然语言处理等，还需要深入探讨智能的本质，包括理解智能的起源、发展过程，以及智能如何在不同的环境和条件下适应和演化。

目前出于商业和工程的需要，与人工智能相关的工作主要集中在开发和设计新产品、新系统及创新思维上。尽管人工智能技术取得了显著进步，但对智能的本质和智能科学的探索却没有得到充分的重视。目前人工智能只是一门技术。换句话说，人工智能目前更注重应用和工程实现，而不是对基础理论和原则的探究。人工智能研究人员通常更关注如何构建和设计功能强大的智能系统，而不是深入探究这些系统为何能够有效地工作。

从人工智能的长远发展来看，不能忽视对其基础科学的探究。当构建出一个表现出色的智能系统时，需要深入分析和理解是什么使得该系统能够有效运行。这样做不仅可以帮助我们优化现有的系统，而且可以为未来的人工智能研究提供宝贵的经验。

因此跨学科合作变得至关重要。计算机科学家、认知科学家、神经科学家、心理学家及其他相关领域的专家需要携手合作，共同探索智能的本质。应当鼓励开放科学技术和共享数据，以促进全球范围内相关领域的合作和知识传播。

人工智能的伦理和社会影响不可忽视。理解智能的本质不仅有助于人工智能相关技术的发展，还有助于更加明智地应用这些技术，以避免潜在的负面影响。我们需要问自己：我们是如何定义智能的？智能的边界在哪里？人工智能的发展应该受到什么样的道德和社会约束？

人工智能的发展不应该仅为了技术的进步，而应该是服务于人类和社会。通过深入探究智能的本质和人工智能的科学基础，可以使用这些工具解决全球性的问题，如气候变化、贫困、教育不公和健康问题等。

科学家在探索过程中，往往需要创造性地提出新概念，并通过科学方法对这些概念进行深入的研究和验证。这一过程不仅适用于自然科学，也适用于人工智能领域。人工智能的研究有着类似的过程：开发新的算法和技术，深入探究人工智能系统的工作原理。

人工智能的研究涉及技术问题和科学问题。人工智能的研究涉及开发高效的算法和模型，以处理和解决复杂的问题，如图像识别、语言处理和机器学习。这些技术的开发往往需要精密的工程技巧和对现有技术的深入理解。

人工智能的研究还涉及科学问题，包括对智能本质的深入探讨。科学家需要提出假设，设计实验，收集数据，并通过分析验证或否定这些假设，例如，可以探讨神经网络的结构是如何影响其性能的，或者研究不同的学习算法是如何影响机器的学习效率的。

新发明会推动理论研究。例如，蒸汽机的发明是工业革命的标志，它极大地改变了人类的生活和工作方式。蒸汽机的发明和普及不仅推动了工业和技术的进步，还催生了相关领域，特别是物理学领域的理论研究。

在18世纪和19世纪，蒸汽机的发明和改进主要是基于经验和工程技巧，而不是基于对理论的深入理解。随着蒸汽机在工业生产中的广泛应用，人们开始关注其工作原理和效率问题，推动了人们对热、功和能量之间关系的研究。

　　在发明蒸汽机的百余年后，热力学作为一门新学科诞生了。热力学第一定律和热力学第二定律是热力学的基础，这两个定律不仅解释了蒸汽机的工作原理，还揭示了自然现象，包括化学反应、相变和热传导。

　　热力学不仅是工程和应用科学的一部分，还是所有科学或自然科学的基础。热力学原理适用于从微观粒子到宏观宇宙的各种系统，为人们提供了理解物质和能量交互的通用框架。

　　热力学的发展还为其他科学的发展奠定了基础。例如，统计力学就建立在热力学的基础上。统计力学是一门研究微观粒子行为与宏观现象之间关系的学科，为量子力学和固体物理学提供了重要的工具和概念。

　　蒸汽机的例子展示了新发明如何推动理论研究的发展，而理论又反过来深化人们对世界的理解。这一过程揭示了科学和工程之间的关系，以及如何通过实际问题激发深刻的科学观察。这也强调了对新技术进行深入分析和理解的重要性，以及这种理解如何为科学进步铺平道路。

　　另一个例子是飞机的发明。19世纪后期法国航空业的先驱克莱门特·阿代尔（Clément Ader）是一位出色的工程师，他制造的飞机Avion Ⅲ实际上在19世纪90年代就可以靠自身的动力起飞，比莱特兄弟早了30年。阿代尔受到自然界的启发，设计的飞机外形酷似一只鸟。虽然这种设计是富有想象力的，但设计出的飞机缺乏可控性，这是由于阿代尔在模仿自然界时，没有深入理解背后的科学原理。他的飞机飞行了没多远就坠毁了。

　　阿代尔设计的飞机是工程学的奇迹，如图8-1所示。它的引擎设计展示了阿代尔在机械工程领域的天赋。由于缺乏空气动力学的理论支撑，他的设计终究没能成功。对于试图从生物学中获得启发并将其应用于工程设计的人来说，能够从中吸取教训：仅模仿自然界是不够的，还需要理解其背后的基本原理和科学。

　　1903年，莱特兄弟成功地进行了人类历史上第一次有控制的、持续的飞行。他们同样受到了自然界的启发设计出飞机，但他们深入研

图 8-1　克莱门特·阿代尔设计的像鸟一样的飞机 Avion III
注：这个飞机在法国巴黎艺术与工艺博物馆展览。

究了空气动力学，并开创性地应用了现代航空工程的基本原理。

　　飞机的发展并未就此停滞。30多年后，西奥多·冯·卡门（Theodore von Kármán）对空气动力学进行了深入研究，发现了飞行的基本原理，为飞机设计提供了坚实的科学基础。

　　从飞机发明的历史中可以看到，飞机的发明不仅是一次技术的飞跃，更是人类深入理解自然界、积累科学知识的过程。阿代尔和莱特兄弟通过观察和模拟自然界，开始了第一步的尝试；而卡门则通过科学研究，发现了飞行原理。

　　飞机的发明深层次地揭示了科学与工程的紧密关系。科学是对自然界的理解，而工程是将这些理解应用于解决实际问题。阿代尔的尝试告诉人们，仅模仿自然界是不够的，必须理解其背后的原理。莱特兄弟的成功告诉人们，当科学与工程结合时，能够创造出前所未有的技术。而西奥多·冯·卡门的研究则提醒人们,科学是不断发展的,必须不断学习和适应,以推动技术的进步。

飞机的发展历史展示了科学和工程如何共同作用以推动创新,同时也提醒人们,应当保持对自然界的好奇心,并努力掌握科学原理,以指导设计和决策。

当我们乘坐现代飞机穿越云层时,应该感谢航空先驱,他们的勇气和智慧为今天的航空工业奠定了基础。我们不应该满足于现有的成就,而应该继续探索、学习和创新,以解决新的挑战和开拓未知的领域。

技术和科学互相依赖,互相强化,共同推动人类社会的进步。技术,通过其应用性和实用性,为人类提供了解决现实问题的工具和方法。而科学,通过深入探究和理解自然法则,为人们揭示了宇宙的奥秘。技术的进步可以为科学研究提供更强大的工具和方法,从而使人们更深入探索世界。相应地,科学的发现又为技术提供理论基础,启发和指导新技术开发。

人工智能作为一种技术,其发展依赖于计算能力的增强、数据的积累和算法的优化。然而,它也是一门科学,因为它探索智能的本质和基础原理。这种探索不仅是为了开发更高效的算法,更是为了回答一个根本性问题:智能究竟是什么?

从古至今,人类一直对智能感到好奇,试图解释思考、学习和创造的过程。在对人工智能的探索中,人们不仅在寻找机器智能,也在寻找人类智能的本质。这也是笔者撰写本书的初衷。

参考文献

[1] KURZWEIL R. The singularity is near: When humans transcend biology [M]. New York: Viking, 2005.

[2] BUBECK S, CHANDRASEKARAN V, ELDAN R, et al. Sparks of artificial general intelligence: Early experiments with GPT-4 [EB/OL]. (2023-04-13) [2023-06-25]. https://arxiv.org/abs/2303.12712.

[3] CAMPBELL-KELLY M. Computer: A history of the information machine [M]. New York: Routledge, 2018.

[4] LECUN Y. A path towards autonomous machine intelligence [EB/OL]. (2022-06-07) [2023-01-12]. https://openreview.net/pdf?id=BZ5a1r-kVsf.

[5] KAHNEMAN D. Thinking, fast and slow [M]. New York: Farrar, Straus and Giroux, 2011.

[6] MARCUS G. Deep learning: A critical appraisal [EB/OL]. (2018-01-02) [2023-06-05]. https://arxiv.org/abs/1801.00631.

[7] MITCHELL M. Artificial intelligence: A guide for thinking humans [M]. New York: Farrar, Straus and Giroux, 2019.

第 9 章

物质、能量、信息和智能

科学在每次葬礼上前进。

——马克斯·普朗克（Max Planck）

没有测量就没有科学。

——尼古拉·门捷列夫（Nikola Metkalev）

从人工智能领域中不同学派的争论，到通用人工智能的多元观点，我们发现，在对智能——不论是人工智能还是智能本质——的科学理解方面，仍存在空白。现阶段人工智能的发展主要集中在学术探索、实验和经验积累上，尚未建立起一套健全的理论体系，更不用说建立起严格的形式规范、理论基础和评估方法。由于缺乏统一的深入的理论框架，目前的人工智能在某种程度上类似于现代化学学科成熟之前的炼金术，或是空气动力学出现之前的初步飞行尝试，很多尝试更像是基于直觉和经验而非科学原理。

本章首先从独特的视角回顾人类科技的发展历史，介绍其背后的四大要素：物质、能量、信息和智能。通过深入探讨这些要素在科技发展历史中的作用和演变，我们可能会得到一些宝贵的线索，帮助洞察智能的本质和其未来的发展方向。然后，讨论如何对智能进行数学建模以推动人工智能从工程走向科学。最后，介绍智能网联和元宇宙等内容。

9.1　技术发明促进宇宙的稳定

在人类漫长的发展历史中，认知革命是一个标志性的转折点，之后人类不仅产生了全新的沟通方式和思维方式，而且还发展出了一系列卓越的技术。这些技术不仅增强了人类对物理世界的理解，还为人类提供了前所未有的手段来稳定和塑造宇宙。人类通过创新和发明，比以往任何时候都更有效地为宇宙的稳定和发展做出贡献。

这些技术还极大地增强了人类的合作能力。合作在人类社会中起着至关重要的作用，它涉及各个层面，从日常生活中的小规模邻里互助，到成千上万人的宏大工程。例如，建设一座大坝或者发射一枚火箭，这些都需要跨学科、跨领域的专家和工作者通力合作。

人类是天生的社会物种。相较于其他生物，人类更倾向于通过合作解决问题和克服挑战。合作不仅是人类的本能，而且是人类生存和繁荣的基石。人类能够以无与伦比的规模和灵活性进行合作，这是人类独特的优势[1]。

人类的语言和交流能力是促进合作的关键因素。人类能够通过语言和文字来分享思想、传达信息并协调行动。这种交流能力使人类能够在时间和空间上进行复杂的合作。

科技在推动人类合作方面也起着关键的作用。从古老的工具、简单的机械，到现代的互联网和人工智能，科技不断地扩大着人类合作的范围和深度。今天，我们可以通过互联网与世界各地的人进行实时交流，共同解决全球性问题，如气候变化和贫困问题。

这些合作所构筑的有序特殊社会经济结构，在宏观层面上，表现为一种精密纷繁的系统。它的核心是高效的流动性，即物质、能量、信息和智能在全球范围内的迅速流动。这个系统的复杂性不仅体现在其结构上，而且体现在其如何适应并回应不断变化的环境和需求上。

具体来说，为了加强人类在社会经济中的合作，人类发明了一系列的技术，使物质（通过运输网格）、能量（通过能源网格）和信息（通过互联网）连接成四通八达的网络。这些技术有效地缓解了物质、能量和信息的不平衡，从而稳定了宇宙。

通过回顾我们的科技发展历史，可以得到一些关于人工智能相关技术未来发展方向的提示，如图 9-1 所示。

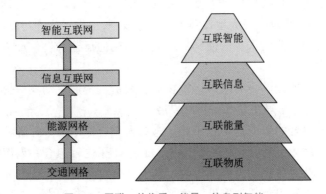

图 9-1　网联：从物质、能量、信息到智能

9.2　物质网联——交通网格

无论是最简单的微生物还是复杂的人类，其生命的维系都离不开物质和能量的供给。这是所有生物生存和繁衍的基本原则。而人类因其独特的智慧和多样化的需求，对物质和能量的需求更显复杂和精细。

运输实质上是物质和能量从一处移动到另一处的手段，运输在人类文明的历程中扮演着不可或缺的角色。运输——通过将食物、水和其他必需品从产地送至消费地，不仅关乎人类的基本生存，更是社会活动、贸易、战争及各种合作的重要纽带。无论是人与人之间的互动，还是地区与地区之间的交流，都离不开运输的支撑。可以说，如果没有现代运输，现代社会的诸多功能将无法想象和实现。

运输使人类能够将资源有效地分配到各地，能够跨越地域限制进行交流和合作，能够在应对各种挑战（如灾难、疾病、战争等）时更快、更有效地调动和使用资源。运输在社会中的角色，就如同血液在生物体中的作用，连接和激活了整个社会体系的各部分。

公元前 4500 年左右，人类发明了简单而巧妙的轮轴组合，轮轴组合被普遍认为是有史以来非常重要的发明。这个发明使得车辆能够更轻松地滚动和转动，极大地提高了运输的效率，引发了交通运输的革命，为人类带来了前所未有的便利，对人类的交通运输和合作产生了根本性的影响。

由于车辆能够更有效地运输物资和人员，交通流动变得更加高效和快速，加速了城市化和贸易的发展。

轮轴组合的影响远不止于此。它对人类合作的根本性影响在于它促进了劳动分工和社会协作的发展。通过使用轮轴组合，人们能够将重体力劳动转移到动力更强大的工具上，可以更有效地合作完成各种任务。这一发明为人类提供了更多的机会专注于其他有创造性和智力需求的活动，推动了技术和文化的进步。

除了直接影响人类交通运输和合作的方式外，轮轴组合还激发了人类创造力，促进了工程技术的发展，催生了更复杂和更先进的运输工具的设计和制造，如古代的战车、马车和船只，进而推动了交通和贸易的扩张，促进了不同地区和文化之间的交流和互动。

随着时间的推移，轮轴组合的发明成为人类文明的里程碑，对全球范围内社会和经济的发展产生了深远的影响。它改变了人们的生活方式和生产方式，加速了城市化和全球化的进程。这个看似简单的发明在交通、合作和技术创新方面发挥了根本性的作用，为人类的进步铺平了道路。

在 19 世纪和 20 世纪，人类发明了一系列新的运输工具，如自行车、汽车、卡车、火车等，提供了更快速、更灵活的出行方式，从而促进了经济和社会的发展。

自行车在 19 世纪末到 20 世纪初经历了迅速的发展。自行车的出现不仅让人们在城市和乡村间更加自由地移动，它作为代表"自由"的意象，也为女性带来了更大的独立性和自主性。自行车的普及为社会带来了更加便捷和高效的交通方式，并且对人体健康和环境保护也有积极的影响。

汽车的发明彻底改变了人类的出行方式。20 世纪初，汽车的出现不仅为人类提供了便捷的个人交通方式，也推动了商业和旅游业的发展。随着汽车的发展和普及，道路系统得到了扩展和改善，促进了城市化和地区之间的联系。

卡车和火车的发明进一步提升了货物和人员的运输效率。卡车作为一种机动性强的运输工具，可以快速将货物从一个地方送至另一个地方，为商业和物流行业带来了革命性的变革。而火车作为一种大规模运输工具，连接了城市和乡村，加速了人员和物资的流动，为工业革命和城市化进程做出了巨大贡献。

进入 20 世纪，飞机的出现重新定义了长距离旅行和国际交流。飞机的高速和远程飞行能力，使人们能够在数小时内穿越大洋，极大地促进了国际旅游和贸易的发展，也促进了文化和知识的交流。

高速列车的发展为陆地交通带来了巨大的变革。高速列车以其高速、安全和舒适的特点，成为城市之间快速连接的重要工具。它们不仅提供了高效的通勤方式，也为商业和旅游带来了便利。

在航天技术进步的推动下，太空船的发展也成为定义运输技术的重要例子。太空船使人类能够进入太空探索和研究，开启了太空时代。太空船的发展不仅推动了科学和技术的进步，还为人类的未来提供了更广阔的发展空间。

运输技术的发展极大地改变了人类的出行方式和社会合作的方式。自行车、汽车、卡车、火车、飞机、高速列车和太空船等交通工具的出现，使人类能够更迅速、更高效地在全球范围内交流、合作和探索，为社会经济的发展和人类文明的进步提供了强大的推动力。

9.3　能源网联——能源网格

除了物质网联技术，能源（能量的资源）网联技术是另一个重大的创新，它不仅是人类生存的基础，也是人类繁荣的基石。能源网联技术通过构建电力电网等基础设施，实现了能源的高效传输和分配，为人类提供了可靠、便捷的能源供应。

能量是衡量系统引起变化能力的物理量。根据热力学第一定律（能量转换与守恒定律），能量在一个封闭系统中不能被创造或消失，但它可以从一个位置转移到另一个位置，也可以从一种形式转换成另一种形式。能量转换与守恒定律是自然界中基本的原理之一。

机械能可以分为两大类：动能和势能。动能是物体由于其运动而具有的能量，它与物体的质量和速度相关。例如，运动的汽车、奔跑的运动员或旋转的风车都具有动能。势能则是物体由于其所处的位置或状态而具有的能量，它与物体的位置、高度或张力等因素相关。例如，被举起的重物具有重力势能，压缩弹簧具有弹性势能。

能量的转换是自然界中普遍存在的过程。能量可以在不同的形式之间相互转换，而总能量保持不变。例如，当一个物体从高处落下时，其势能会转换为动能，使物体加速运动。同样地，在摩擦中，物体的动能可以转换为热能，从而使物体的温度升高。

能量转换也是生物体生存和运作的基础。人类身体内部的化学反应转换食物的化学能量为身体所需的能量，使我们能够进行各种活动。植物通过光合作用将太阳能转换为化学能，并储存在植物体内，为自身生长和维持生命提供能量。动能表示为

$$E_{\mathrm{k}} = \frac{1}{2}mv^2 = \frac{1}{2}m\left(\frac{d}{t}\right)^2$$

其中，m 是物体的质量，v 是速度，d 是距离，t 是时间。因此，动能可以被认为是物质在一个过程中被移动多快的度量。

电力电网是能源网联技术的典型例子。它是由输电线路、变电站、变压器等组成的庞大网络，能够将电能从发电厂输送到家庭、企业和各个社会机构。电网的存在使得人类只需插入插座，就能轻松地获取电能，电网用于照明、为计算机供电、为手机充电以及为住宅和办公场所提供空调和供暖等服务。电网的覆盖范围之广和稳定性之高，使人们能够在任何时候都能便利地使用能源，极大地提升了人们生活和工作的便捷性。

尼古拉·特斯拉（Nikola Tesla）是一位伟大的发明家和科学家，他对交流电技术的发展做出了重大贡献，对电力系统的建设和电力工程的发展起到了至关重要的作用。

特斯拉在 19 世纪末和 20 世纪初的电力领域开展了广泛的研究和实验，并在交流电技术方面取得了突破性的成果。他的研究和发明为现代电力系统的建设奠定了基础。

特斯拉著名的贡献之一是多相交流电系统。他认为交流电在长距离传输和实用性方面具有更大的优势，并通过改进和推广交流电技术，使其成为现代电力传输和分配的主要方式。特斯拉发明的多相交流电系统利用了三相交流电的原理，通过三个相位的交流电源提供高效、稳定的电力传输。

特斯拉还发明了许多与交流电相关的重要技术和设备，包括交流变压器、交流发电机、交流感应电动机等。特别是交流感应电动机，以其高效、可靠和节能的特性，为工业领域的电力驱动设备提供了可靠的动力。

特斯拉的交流电技术在当时引起了巨大的轰动和广泛的应用，为现代社会带来了巨大的变革和发展。其成果在国际范围内获得了广泛的认可和赞誉，促进了交流电的普及和推广，推动了电力系统的建设和电力工程的发展。

交流电的广泛应用使得电力能够高效、稳定地传输和分配到家庭、工业和商业场所，为人们的生活和工作提供了可靠的电力供应，也为电力工程和能源行业的发展提供了强大的推动力，交流电成为现代工业化社会不可或缺的基础。

尼古拉·特斯拉的贡献不仅限于交流电技术，还涉及许多其他领域的研究和发明，包括射频技术、无线通信、无线电传输等。他的创新思维和对科学的深入探索使他成为电力和无线通信领域的先驱，为人类社会的进步做出了巨大的贡献。

随着能源需求的不断增长和能源供应的多样化，能源网联技术正面临着新的挑战和发展机遇。智能电网的出现为能源网联技术注入了新的动力。智能电网利用先进的传感器、通信和控制技术，实现了对能源的精确监测、管理和优化。它可以实现电力系统的动态调度和智能配电，促进能源的高效利用和优化配置。此外，能源储存技术的进步也为能源网联技术提供了更大的灵活性和可靠性。

在构建可持续发展的未来的过程中，能源网联技术将发挥关键作用。通过整合不同类型的能源，包括传统能源和可再生能源，以及实现能源的高效传输和智能管理，人类可以实现能源的可持续供应，减少碳排放，并推动能源向更清洁能源发展。

9.4　信息网联——互联网

继交通网格和能源网格为人类的发展和进步奠定基础之后，互联网的出现将人类的合作和交流推向了一个新高度。交通网格将人们的出行连接起来，能源网格为人们的生活和工作提供了动力，而互联网则通过信息的传播，为全球范围内的人类合作提供了无限的可能性。

互联网的核心目标是无缝地将信息从一个地点传输到另一个地点，从而使人们即使相隔千里也能进行即时沟通和协作。它是一个庞大的全球网络，通过使用互联网协议 TCP/IP，将计算机、移动设备和其他智能设备连接在一起，让人类和机器能够互相交流。

互联网不仅是一种技术，也是一个概念和工具。通过实现信息的联网,互联网已经成为社会经济系统的关键支柱,推动了全球化的发展,缩小了地理距离的限制,创造了一个前所未有的信息共享和知识传播的环境。

不仅如此,互联网也为创新和创业打开了大门。无论是社交媒体、在线教育平台、电子商务平台还是远程工作,互联网都在不断地改变我们的生活方式和工作方式。它使个人和组织能够以前所未有的速度和规模创建、分享和获取信息。

互联网还为公民赋权,推动了政府的透明度和问责机制,加强了社会对政策制定的参与。人们可以通过在线平台和社交媒体来表达自己的观点,参与讨论和影响政策制定。

信息与能量之间的密切联系是一个深刻而引人入胜的主题。一个经典的例子是麦克斯韦的"妖"实验,如图 9-2 所示,这是由物理学家詹姆斯·克拉克·麦克斯韦(James Clerk Maxwell)于 1867 年提出的思想性实验,用于探讨信息与能量之间的关系。

图 9-2　麦克斯韦的"妖"实验

在这个思想性实验中,麦克斯韦想象一个封闭的容器,里面装有气体,容器被一道隔板分成两个相等的部分。在隔板上,存在一个虚构的微小生物,被称为"妖"。这个"妖"拥有极高的智慧,能够观察到每个气体分子的位置和速度,因此它具有处理信息的能力。当"妖"发现一个高速运动(即高能量)的分子从左边接近隔板时,它会打开一个小门,允许分子通过到右边;而当一个低速(即低能量)的分子从右边接近时，它也会让分子通过到左边。

通过这种方式，"妖"根据收集到的信息，巧妙地筛选气体分子，使得右边的区域集中了高能量的分子，而左边的区域则是低能量的分子。这样，右边的区域变热，而左边的区域变冷，形成了一个温差。

这个过程看似违反了热力学第二定律，即在一个封闭系统中，熵（混乱程度）应该自然增加。

对麦克斯韦"妖"实验的围剿要等到香农信息论的出现，根据香农信息论，得到或者删除信息都同样需要能量，就是说麦克斯韦的"妖"要想得到分子速度的信息必须消耗能量，这样就增加了熵，而且，熵的增量比麦克斯韦的"妖"为了平衡熵而失去的量还多。"妖"利用信息减少系统的熵，使之变得更有序。这里的关键是"妖"利用的信息转换为能量，从而调控系统的状态。

因此麦克斯韦"妖"被消灭了，热力学第二定律的地位得到了捍卫。

这个思想性实验揭示了信息与能量之间的密切联系，并激发了人们对热力学与信息论之间关系的深入研究。它给我们启示，信息不仅是抽象的概念，而是可以与物理世界中的能量和熵产生交互作用的实体。

在现代科学中，麦克斯韦的"妖"已经成为信息论、量子物理和热力学交叉领域研究的重要参考。例如，信息论的某些知识已经被应用于量子计算和纳米技术，而"妖"的概念也被用来探讨微观尺度上的能量转换和信息处理。

值得注意的是，尽管"妖"在这个思想性实验中表现出了通过信息处理来减少熵的能力，但在现实世界中，信息处理本身也需要消耗能量。这意味着，对信息的收集和处理在某种程度上会增加系统的熵，从而与热力学第二定律保持一致。

麦克斯韦的"妖"实验不仅是一个历史性的思想性实验，而且在当今世界依然具有深远的意义。它提醒我们，信息和能量是紧密相连的，而在我们构建和理解复杂系统时，这种联系是不可忽视的。

香农努力寻找一种量化信息的方法，由此得到了与热力学中形式相同的熵公式。

熵用于测量能量在物质中的分布和扩散程度。具体来说，热力学熵量化了在一定温度条件下，一个系统在某一过程中能量扩散的程度。这个"能量的扩散"可以理解为能量在不同的微观状态之间的分布，或者说是能量如何散布在系统的各个部分。

当一个系统经历某个过程时，例如加热或者膨胀，它的能量会以不同的方式分布。如果能量分布变得更加均匀或者分散，则可以说熵增加了。反之，如果能量分布变得更加集中，则可以说熵减少了。

熵不仅可以用于描述单一的系统，还可以用于分析多个系统之间的相互作用，例如热交换。熵有助于我们理解能量是如何在不同系统之间转移和扩散的。熵的变化公式如下：

$$dS = \frac{\delta Q}{T}$$

其中，dS 是熵的变化，δQ 是传递的能量，T 是温度。

在 19 世纪末期，奥地利物理学家路德维希·玻耳兹曼（Ludwig Boltzmann）开创性地通过统计方法研究热力学系统的微观行为，从而为熵提供了一个全新的视角[3]。在 19 世纪 70 年代，玻耳兹曼通过深入分析系统的微观组件，如原子和分子的统计行为，提出了统计热力学中的熵概念。

玻耳兹曼的熵定义与热力学熵密切相关，揭示了这两个概念之间的联系。具体而言，一个系统的统计熵是其微观状态的概率分布的函数，而这个定义通过一个常数因子与热力学熵相联系。这个常数因子后来被命名为"玻耳兹曼常数"。

在统计热力学中，熵被解释为不确定性或无序程度的度量。当系统的微观状态更加多样化时，即存在更多可能的能量分布方式时，系统的熵就会增加。这种不确定性或无序程度的增加，反映了系统的微观状态的复杂性和随机性。

值得注意的是，玻耳兹曼的统计定义不仅为熵提供了深刻的物理解释，而且拓展了熵的应用范围。统计热力学的熵概念被广泛应用于物理学、化学、信息论和其他领域。例如，在信息论中，熵被用来量化信息的不确定性。

具体来说，统计热力学中的熵是对具有显著概率被占用的系统状态数量的对数度量，即

$$S = -k_\mathrm{B} \sum_i p_i \log p_i$$

其中，p_i 是系统处于第 i 个状态的概率，通常由玻耳兹曼分布给出；k_B 是玻耳兹曼常数。

热力学熵和香农熵在概念上是等价的：它们都涉及对系统的无序性和不确定性的量化。热力学熵源于物理学，用于描述一个热力学系统中能量分布的多样性；而香农熵则源于信息论，用于量化信息的不确定性。

具体来说，热力学熵的定义可以理解为对系统微观状态数量的对数度量，正如之前讨论的玻耳兹曼熵公式。而香农熵则是通过对信息源的可能状态进行概率分析来定义的，即

$$H = -\sum_i p_i \log p_i$$

值得注意的是，这两个定义在形式上具有相似性。热力学熵可以看作系统可能的微观配置的对数，而香农熵则可以看作信息源的可能状态的对数。因此，可以说热力学熵计算的排列数量反映了实现任何特定物质和能量排列所需的香农信息量。

尽管在概念上类似，热力学熵和香农熵在实际应用和度量单位上存在差异。热力学熵通常用能量除以温度的单位来表示，例如焦耳每开尔文（J/K），反映了能量在物质中的分布。而香农熵则是以信息位（bits）为单位，是无量纲的，用于量化信息的不确定性。

热力学熵通常用于物理和化学领域，描述物质和能量的行为，而香农熵则广泛应用于信息论和通信领域，用于描述和量化信息的传输和处理。

总体来说，热力学熵和香农熵在概念上是等价的，都与系统的不确定性和复杂性有关。然而，它们在应用场景和度量单位上有所不同，

分别用于描述物质和能量的性质以及信息的不确定性。这种概念上的联系和差异揭示了熵作为一个跨学科概念的深刻性和广泛性。

9.5　智能网联——智能无处不在

随着科技的不断进步，人们已经创建了一系列令人惊叹的网络，如交通网格、能源网格和互联网，这些网络极大地促进了信息、能源和物质的获取和传播，改变了人们的生活方式，并推动了世界全球化和经济增长。

交通网格通过高速公路、铁路、航空等方式迅速地转移物质和人员。能源网格则通过电网和天然气管道等基础设施，使人们能够在需要时获得电力和燃料。而互联网无疑是近代最具变革性的发明之一，它让我们几乎每时每刻都能够访问和分享信息。

在这个背景下，一个令人深思的问题是，未来人类是否能够像获取信息、能量和物质一样方便地"获取智能"，使智能无处不在？

9.5.1　信息、模型、行动三位一体

奇绩创坛的创始人和首席执行官，曾任百度集团总裁兼首席运营官、微软全球执行副总裁的杰出科技领袖陆奇，深刻洞察到以 ChatGPT 为标志的大型语言模型引发的技术革命的重要性。他指出，这种技术正在引发一场范式变革，如图 9-3 所示。现在这场变革出现了新的转折点（拐点）：模型（智能）将无处不在。

在探讨这次范式变革对产业发展的影响时，陆奇引入了一个概念——三位一体，作为分析这次变革的核心内在结构。这个概念源于复杂学理论。根据复杂学理论，无论是个人、组织、人类社会还是数字化系统，都可以视为复杂系统，且每个复杂系统都包含以下三个子系统。

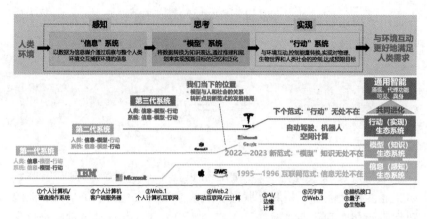

图 9-3　从信息、模型、行动三位一体的角度看范式变革

（1）信息子系统（Subsystem of Information）：这是复杂系统必不可少的组成部分，负责从环境中收集信息。在当前的大型语言模型（如ChatGPT）中，信息子系统通过大量的数据和知识库收集和处理信息。

（2）模型子系统（Subsystem of Model）：一旦信息被收集，模型子系统就会介入，使用模型表达这些信息。这个子系统的关键是能够有效地表达信息，以进行推理、分析和规划。例如，ChatGPT 使用深度学习模型理解和生成人类语言。

（3）行动子系统（Subsystem of Action）：这个子系统根据模型子系统的推理和规划与环境进行互动，以实现复杂系统的目标。在人工智能领域，这可能包括根据生成的文本采取具体行动，或者根据模型的输出调整策略。

陆奇将这种复杂系统包含三个子系统的结构称为"三位一体"。

通过采用"三位一体"的结构，我们能够以清晰的视角分析数字化产业发展中的转折点及当前新范式的本质特征。

第一个转折点：信息无处不在。1995—1996 年，数字化产业经历了一个重大的转折点。在这个转折点之后，信息系统爆炸式增长，催生了一批改变世界的企业，如谷歌、苹果和亚马逊。这个转折点的核心在于信息的获取和生产成本的结构性变化。具体来说，信息的生产和获取从依赖边际成本转向更多地依赖固定成本。这意味着每次获取信息的边际成本变得极低，而初始投入成本增加。

以谷歌公司为例，它使得地图等信息变得触手可及，无处不在，大量其他信息也如此。这是由于谷歌以及其他公司采用了一种类似的商业模式，即在一次性高昂的投入下，大规模地收集和分发信息，从而将每次使用信息的边际成本降至最低。这种变化的驱动力是核心技术，它能够高度集中并分发信息。

这一转折点还见证了移动互联网时代的兴起（以谷歌和苹果为代表），以及云时代的来临（以亚马逊为代表）。这些时代的共同特点是高度集中的信息和低边际成本的分发，它们都是由核心技术推动的。

因此，可以说，这个转折点的出现是由于信息获取成本从边际成本转向固定成本，这使得信息变得无处不在，世界因此变得更加扁平，无限的可能性因此展开。

现在的转折点：模型将无处不在。在 2022 年和 2023 年，人们目睹了一个新的转折点的到来，它是由 OpenAI 和微软等巨头引领，并由许多其他创业公司共同推动的。这个转折点的核心在于"模型"的普及，"模型"普及背后的驱动力是模型成本结构的变化，类似于之前信息的转变，模型的成本也从边际成本转向固定成本。这个变化是由一种新的基础技术驱动的，即"大模型"。

那么，为什么模型的成本结构如此重要呢？答案很简单：模型代表着知识。在进行任何活动时，知识都是至关重要的。与信息时代相比，模型具有更强大的生产能力，且其发展速度必将超过以往。

此外，模型与每个人的生活密切相关。从社会互动和社会产值的角度看，每个人都是由以下三种模型的组合构成的。

（1）认知模型：该模型使人能够听、看、说和思考。

（2）任务模型：该模型使人能够执行各种任务，如爬楼梯、剥玉米等。

（3）领域模型：该模型代表人的专业身份和能力，如律师、医生、科学家等。

人类社会的各方面都是由模型来表达和驱动的。例如，运营一家公司需要战略、营销、研发等模型；城市管理和国家治理也需要一系列相关模型。每个社会层面需要解决的问题都是由相应的领域模型、任务模型和人的组合来完成的。

在大模型技术迅猛发展的时代，一个显著的趋势是，除非个人具有独特的见解、认知或问题解决能力，否则大模型可以完成我们每个人能做的事情。这意味着，在未来，无论何时打开手机或任何设备，我们不仅会接收到信息，而且会接触到模型。医生的诊断、律师的服务、设计师的创作、艺术家的作品——所有这些都将由模型驱动。

此次转折点的发展速度将超过 1995 年和 1996 年的信息无处不在的转折点。模型将无处不在，知识将无处不在。这将催生一系列伟大的公司，它们将投入巨大的固定成本，创造新的商业模式，并在整个产业中引发变革，塑造一个崭新的世界。

值得注意的是，这个转折点的发展是不可避免的，且发展速度会非常快，可能远远超出预期。这个时代将以模型为中心，模型将成为驱动社会进步和创新的关键因素。

下一个转折点：行动将无处不在。借助"三位一体"结构，可以洞察到下一个转折点的本质，那就是"行动系统"的普及。在大模型的时代，我们看到了生成模型的崛起，它们能够有效地操控各种设备。未来的转折点将以机器人技术、自动驾驶技术和空间计算技术为基础，深化行动系统的普及。

今天，我们所处的大模型时代主要聚焦于生成模型，这些模型能够高效地控制和操作各种设备。然而，接下来的转折点将以机器人、自动驾驶和空间计算的融合为基础，开启一个行动无处不在的时代。

采取实际行动通常伴随着高昂的成本，但随着大模型的不断发展和优化，可以预见在不久的将来，与环境互动以满足人类需求的行动成本将大大降低。届时，行动将变得无处不在。

这种转变的驱动力来自技术的进步，尤其是机器人技术、自动驾驶技术和空间计算技术。机器人技术将使人们能够更加灵活和高效地在物理世界中采取行动；自动驾驶技术将彻底改变人们的出行方式，提高出行的安全性和效率；而空间计算则将改变人们与环境的交互方式，为人们打开一个全新的、更加丰富的数字世界。

这些技术的融合将导致行动的普及，使人们能够以前所未有的方式参与和影响世界。从物流自动化到智能家居，从虚拟现实的沉浸式体验到无人驾驶的公共交通，行动将无所不在，成为生活的核心组成部分。

在行动无处不在的时代，人们需要思考如何有效、负责任地利用这些技术，以创造更加可持续、包容和繁荣的世界。这将是一个挑战，但也是一个巨大的机遇，为人们提供了塑造未来的无限可能。

9.5.2　智能网联架构

为了实现智能像能源和信息一样无处不在，智能网联技术需要采用创新的网络架构。信息网联在全球范围内的发展为人们提供了丰富的经验和教训，我们可以从中汲取灵感推动智能网联的进步。

分层的一般原则在网络设计中起着至关重要的作用，它被广泛认为是信息互联网取得巨大成功的关键因素之一。分层的概念可以理解为一个分级系统，其中每个级别都有其独特的职责和功能。

在分层结构中，每一层都控制一组决策变量，通过观察来自自身和其他层的参数实现特定功能。这种设计方式使得每一层都能够为其上层提供服务，并隐藏其下层的复杂性。这种分层方式有很多优点。

（1）简洁性：将复杂任务分解成更小、更易于管理的子任务，并在每个层次上专注于这些子任务，有助于简化设计过程。这种方式不仅使设计更加清晰，而且可以更有效地分配资源和管理系统。

（2）模块化：在分层结构中，每一层都被视为一个独立的模块，可以单独进行设计、开发、优化、管理和维护。这种模块化的方式增加了灵活性，并使得在不影响整个系统的情况下对单个模块进行更新或修改成为可能。

（3）抽象功能：每一层的功能都是抽象的，这意味着可以在不影响其他层的情况下调整或修改它。这为系统提供了更高的适应性，使其更容易适应新的需求或技术。

（4）可复用性：由于每一层的功能都是独立的，因此它们可以在不同的环境和应用中重复使用。这降低了开发成本，并增加了效率。

另外，信息互联网的成功在很大程度上归功于其独特的"细腰"沙漏架构。这种架构以通用网络层，即 IP（Internet Protocol，互联网协议）为核心，像一个沙漏一样，中间的 IP 是"细腰"部分，而上下则分别是上层应用和下层物理网络，是较宽的部分。IP 中心层实现了全球信息联网的基本功能，允许数据在各种网络和设备之间流动。

"细腰"沙漏架构的关键优势在于它的灵活性和开放性。由于 IP 中心层是通用的，它可以支持各种上层和下层技术。这意味着上层应用和下层物理网络可以独立于 IP 中心层进行演进和创新。这种分离允许开发人员和工程师在不影响整个网络稳定性的情况下，探索新的技术和应用。

"细腰"沙漏架构使得技术的集成变得更加简单。由于 IP 中心层的通用性，新的网络技术和应用可以轻松地与现有的网络基础设施兼容，从而加速了新的网络技术的应用和普及。

值得注意的是，这种"细腰"沙漏架构为信息网络的爆发式增长提供了坚实的基础。将全球的网络连接到一个通用的核心层，为信息的快速传播和共享创造了可能，从而推动互联网的迅速发展和全球化。

与现有架构的设计理念保持一致，我们同样采用分层结构设计智能网联的参考架构。如图 9-4 所示，该架构包括五个不同的层次：物理资源层、资源虚拟层、信息层、智能层和应用层 [4]。

物理资源层包括智能互联网的各种底层物理资源，如通信资源、缓存资源、计算资源和感知资源。得益于网络虚拟化、软件定义网络（Software-Defined Networking，SDN）等技术的最新进步，网络云化成为未来网络的重要发展趋势，这也为智能互联网的实施提供了有力支撑。在这一趋势的推动下，底层基础设施的数据传输不再是焦点，而资源的利用才是焦点。因此，在物理资源层之上是资源虚拟化层，该层通过各种虚拟化技术将物理基础设施资源抽象为逻辑资源，以实现灵活的调度。

信息层对应于现有互联网架构中的网络层，支持智能数据处理以提取有用信息，并将其传输到智能层。随后，智能层使用人工智

能、区块链和大数据分析等技术合并信息，发展综合智能。应用层通
过各种标准化接口实现应用的动态部署和管理。以下是该架构的详细
讲述。

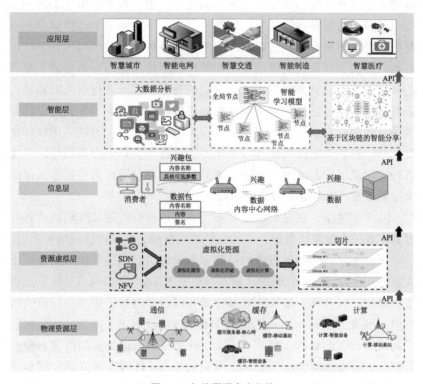

图 9-4　智能网联参考架构

（1）物理资源层：物理资源层主要由通信资源、缓存资源、计算
资源和感知资源组成。其中，通信资源包括来自无线接入网络（RANs）、
传输网络、核心网络等通信和网络资源；缓存资源和计算资源由支持
内容存储和数据计算的各种类型的实体组成，如智能设备、边缘计算
服务器、基站（BSs）和数据中心；感知资源由感知周围环境并实时
收集数据的各种感测设备组成。这些来自分布式基础设施的资源通常
是无处不在的和异构的，因此，有必要通过资源虚拟化层的各种虚拟

化技术将物理基础设施资源抽象为逻辑资源，形成一个共享资源池，以便为智能互联网的不同应用提供支持。

（2）资源虚拟层：在这一层，异构的、无处不在的通信资源、缓存资源、计算资源和感知资源被抽象化并汇聚。资源虚拟化是指使用适当的技术对资源进行抽象。资源抽象是基于与预定义选择标准相匹配的属性描述资源，同时隐藏或忽略与这些标准无关的属性，尝试以一种有益的方式简化资源的使用和管理。要虚拟化的资源可以是物理的或虚拟化的，支持具有不同抽象层的递归模式。通过引入资源池超级管理程序，可以从物理资源层感知到各种物理资源，并且可以将分散的资源聚合成通信池、缓存池、计算池和感知池。可以采用软件定义网络、网络功能虚拟化和容器化等先进技术实现资源虚拟化，并为各种应用提供按需的虚拟资源。虚拟化资源可以通过切片技术根据需求定制服务，以实现有效的资源共享。

（3）信息层：信息层的主要职责是处理和分析智能互联网中各种设备生成的大量原始数据，并从中推断出有用的信息以传递给智能层。近年来，该层因有助于服务的开发和集成而引起很多关注。信息层中大量的冗余内容以及低效的传输对当前基于 TCP/IP 的网络架构形成挑战。因此，以名称为基础的数据检索和以网络内数据缓存为特点的信息中心网络（Information-Centric Networking，ICN）作为这一层的替代网络架构逐渐崭露头角 [5]。ICN 允许用户从附近的复制持有者检索数据。ICN 将内容与位置分离，并通过发布 / 订阅范例提供存储和多方通信等服务，使人们将注意力转向快速获取信息，而不考虑信息存储的位置。通过将原始数据转换为有用的信息，信息层为智能互联网系统的物理组件引入了自我感知。

（4）智能层：智能是未来网络范式的基本特征。智能互联网由智能驱动，以实现自配置、自优化、自组织和自修复，最终提高可行性。因此，智能层有望将来自信息层的信息转换为智能，并通过智能决策在智能互联网上提供智能和自适应的管理和控制。使用大数据分析和人工智能等技术，在服务层面实现功能模块，如智能发现、智能共享、智能存储、智能传输和智能服务应用程序编程接口（APIs）。在数据层面，智能层对来自信息层的有价值信息进行进一步的智能处理，以实现网络化的智能计算。在控制层面，智能层根据网络的实时情况动态配置各种资源，并为上层应用提供定制服务。作为中间层，智能层基于区块链等技术，可以同时为订阅智能服务的用户提供身份验证、授权和计费（AAA）服务，以确保他们的隐私。此外，智能层还能够通过机器学习算法和数据分析，对用户行为、网络状态和环境变化进行深入理解，以实现更加精准和高效的资源配置和服务提供。这种深入的分析和理解使智能层能够预测网络中可能出现的问题，并采取预防措施或自动修复策略。通过与信息层的紧密集成，智能层能够实时响应网络和环境的变化，为用户提供更加智能和个性化的服务。在保护用户隐私的同时，智能层还可以为第三方开发者提供开放的 API，以支持新服务和应用的创新和开发。

（5）应用层：应用层的目标是根据用户多样化的需求提供特定的应用服务，并在反馈评估结果到智能处理过程之前对所提供的服务进行评估。通过智能编程和管理，应用层可以支持更高级别的智能应用，如智能城市、智能工业、智能交通、智能电网和智能医疗，并实现对这些智能应用的全面管理。该层还通过智能技术管理智能互联网中智能设备和基础设施的所有活动，以实现网络自组织功能。此外，应用层还负责评估服务性能，这可能涉及许多因素，如服务质量（QoS）、体验质量（QoE）、收集数据的质量及获取智能的质量等。另外，也需要考虑，资源效率的成本维度衡量，如计算效率、能效和存储效率，以提高智能资源管理和智能服务提供的性能。值得一提的是，应用层不仅提供服务，还是一个创新的平台。开发者和企业可以在应用层上开发和部署各种应用程序，以满足不断变化的市场需求和用户偏好。通过使用智能层提供的数据和分析，应用层可以创建更加智能、适应性更强的服务，例如，通过分析用户的行为和偏好，智能家居系统可以自动调整室内温度和照明，以提高舒适度和节能。此外，应用层还可以与智能层紧密协作，实现更加复杂的智能服务，例如，在智能交通系统中，应用层可以利用智能层的数据分析和预测功能优化交通流量，减少拥堵，并提高道路安全。

同样，我们是否要为智能网联设想一个"细腰"沙漏架构，这需要进一步研究。智能发现是另一个挑战。由于智能体分布在智能网联范式中的不同地理位置，因此有效的智能发现机制对于识别和定位智能至关重要。源自以信息为中心的网络的发布／订阅机制可以提供智能发现的好处。

安全和隐私是智能网联中的重要问题，如用户担心与他人分享他们的智能是否会泄露个人隐私等。虽然这些问题存在于现有的网联范式中，但它们在智能互联网中更为重要，因为行为通常涉及智能数据，不正确的行为可能比不正确的信息带来更大的损害。区块链技术可以用来解决这些问题。

9.6　如何量化智能

在实现通用人工智能和智能网联所面临的众多挑战中，如何量化智能是最重要的挑战之一。

量化和建模是解决复杂问题的基石。在每个网联范式中，对范式中联网的"事物"进行精确建模是至关重要的。如上所述，信息和能量的建模在互联网和能源网格中起着核心作用。香农的信息论通过使用"熵"来量化信息，为互联网的发展提供了基础。

信息论中的"熵"借鉴了热力学中"熵"的思想。"熵"量化了系统中的无序性或随机性。它代表系统能量无法转化为机械功，通常与能量的分散有关。"熵"一词源自希腊语 Entrope，trope 的意思是"变换"，前缀 En 表明它与能量有关。

在智能领域，量化和建模变得更加复杂和具有挑战性。量化智能意味着我们需要找到一种方法准确地衡量和描述智能的特性和表现。这不仅对于建立一个成功的智能网络至关重要，而且对于人工智能的整个发展领域都具有深远的影响。

图灵测试是早期尝试评估机器智能的一个经典例子。通过这个测试，如果一台机器的行为在交流过程中无法与人类区分，那么它可以被认为是智能的。然而，图灵测试主要侧重于行为的外部表现，而没有提供一种方法用数学量化智能。

从网络连接范式（网联范式）演化的历史中，随着时间的推移，人类逐渐构建了更高级别的网络连接范式，我们可以观察到更高级别的网联范式提供了更高的层次抽象。

在社会早期，人们的关注点是如何获取物质资源。然而，随着社会的发展和科技的进步，物质资源的获取变得相对容易，人们开始转向更加高级的需求，即以更快的速度获得高质量的物质。这导致了能量概念的提出，其中能量被理解为物质移动的速度。这一层次的抽象允许我们量化和控制物质的动态行为。

当能量的获取变得方便，人们开始关注能量是如何在系统中传播和扩散的，热力学熵的概念由此被提出。熵是一个抽象概念，用于量化能量的扩散程度。在特定温度下，熵可以表示在一个过程中能量扩散了多少。这个概念对于理解和控制复杂系统的热动态非常重要。

值得注意的是，信息论中的信息熵与热力学熵在概念上是等价的。信息熵可以被视为信息的分散程度或不确定性的度量，它进一步强调了信息和能量之间的深刻联系，并表明信息也可以被理解为一种能量的扩散。

同样，智能可以被定义为一种"前后"过程变化的度量标准——专注于一个学习过程中，随着时间的流逝，信息的积累和传播有多广泛，或者与学习开始之前相比，在学习结束后信息的扩散和内化程度有多高。这种描述的重点在于，智能是对一个系统或个体在吸收和处理信息方面的进步的度量。

在智能的背景下，Intropy 可以被概念化为衡量系统从其处理的信息中得出智能的指标。正如 Entropy 代表系统中能量的状态和转换一样，Intropy 在理论上可以代表智能系统中信息的状态和转换。In 前缀表示其与信息的关系，tropy 一词源自希腊语 trope，意思是"变换"。由于汉字中"忄"（竖心旁）往往表示与心理、思想、情感、信息等相关的含义，所以 Intropy 可以翻译成"惝"，即"忄"加上一个"商"字。

与热力学熵的特性相似，Intropy 并非一个绝对量，而是一个相对量。它并不直接衡量一个固定的属性，而是描述了在一段时间内的变化或进步。这种变化可能是信息的增加、思维能力的提高或问题解决技巧的增强。

更具体地说，Intropy 可以被看作信息状态的动态演变，就像热力学熵衡量能量在系统中的分散程度一样，Intropy 可以被视为衡量信息如何在学习过程中被有效地吸收、整合和应用的标志。

这种视角强调了智能的适应性和灵活性，即个体或系统在面对新信息或挑战时，如何调整其行为和认知策略以有效应对。这是一种对进步和发展的度量，涉及在信息处理和决策制定中的效率和创新。

因此，Intropy 作为一个相对量，不仅是静态的知识储备，而是一种动态的、与时间有关的、在不断学习和适应过程中信息处理能力的演变和增强。具体来说，智能可以用下面的公式来定量表示：

$$dL = \frac{\delta S}{R}$$

其中，dL 是系统 Intropy 的微分变化，δS 是当前的秩序（Order）和预期的秩序的相似度微小变化，R 表示给定学习阶段固有的不确定性或信息熵，表示模型的预测或表示存在较大的不确定性，而较低的 R 表明模型已经学会了减少不确定性。这个定义与我们之前出版的《智能简史——从大爆炸到元宇宙》有所不同，反映了我们最近关于智能的定义和量化的最新思考。图 9-5 表示了这个量化思想。

当前的秩序和预期的秩序的相似度变化可用不同的算法来表示，包括 KL 散度（Divergence）、JS 散度、交叉熵（Cross-Entropy）、极大似然估计（Maximum Likelihood）、互信息（Mutual Information）、贝叶斯推理（Bayesian Inference）、搜索引擎（Perplexity）等。

如果 R 代表系统的"温度"，与热力学熵定义中的温度类似，则反映了系统的不确定性。R 值越高，系统具有越大的不确定性或者灵活性。在机器学习环境中，当系统具有高度不确定性（知道得很少）时，添加少量信息可能不会显著改变其"智能"或能力，因为它仍然主要是不确定或无知的。这反映了模型仍然处于具有很强适应性的训练早期阶段。对于所添加的每个信息单元，所产生的 Intropy 增加更为温和。R 值越低表示不确定性较低或刚性较大的系统。当系统不确定性较低时，添加新信息可以对其"智能"或能力产生更明显的影响，因为它建立在现有知识的坚实基础上。它描绘了一个接近其最佳性能的训练有素的模型。这种关系展示了系统的适应性和增量信息带来的价值之间的平衡。这个概念与机器学习中"收益递减"的现象相符合。在训练的早期，当模型还很"幼稚"时，它可能不会从新数据或信息中获益那么多。然而，随着模型变得更加完善，每条新数据都可以对其进行进一步的微调，从而为它带来更加实质性的改进。

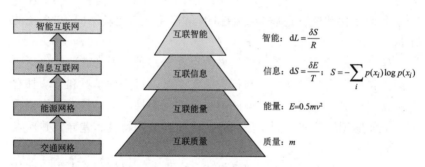

图 9-5　量化：从质量、能量、信息到智能

这里，每一点新信息都可以显著影响 Intropy。以一个具体的例子阐述，假设有一台智能机器，它的任务是识别图片中的大象。当我们向这台机器展示一张大象的图片时，期望的输出是"这是一只大象"。然而，如果在机器学习的初期，机器的输出是"这是一只猫"，显然这并不是我们期望得到的正确答案。

考虑另一台智能机器，它的任务是通过前面的单词，产生下一个单词，就像 ChatGPT、GPT4、文心一言等各种大模型一样。当我们给这台机器一些提示语时，期望的输出是准确的、符合人类标准的输出。然而，如果在学习初期，机器的输出并不准确或者不符合人类标准，并不是我们期望得到的正确答案。在这种情况下，机器的输出与我们期望的输出之间存在一个差距，可以将这个差距视为一个"梯度"。

随着机器继续学习，我们期望它的输出逐渐接近正确答案，也就是说，当前输出与期望输出之间的梯度应该减小。这个梯度的减小可以从多个角度，例如数据量、时间或者其他参数，来衡量智能的变化量。

这两个例子揭示了智能变化量的一个重要方面，即智能不仅具有完成任务的能力，而且还包括在给定资源和时间限制下，如何有效和高效地学习和改进。这种效率和学习速度在很大程度上是评估和比较不同智能系统或个体智能的关键因素。

通过对智能进行数学建模，我们开辟了一个潜在的途径，有望将各种人工智能学派统一于一个通用的理论框架之下。这种建模不仅有助于我们量化智能，还能为我们提供深入理解和比较不同 AI 系统的工具。

值得注意的是，人工智能领域内存在着多种学派和方法，包括但不限于符号主义、联结主义和行为主义学派。每一种学派和方法都有其独特的优势和应用场景，但同时也存在局限性。通过数学建模，我们可能能够识别这些不同学派和方法之间的共同特性和差异，并探索它们之间如何相互补充。

我们正在朝着这一目标努力推进。实现这一目标会为人工智能的进一步发展开辟新的可能性，包括创建更加通用和灵活的 AI 系统，以及开发能够跨学派和方法的有效运作的混合模型。

这种努力也可能对人工智能的伦理、透明度和可解释性产生积极影响，因为一个更加全面和一致的通用的理论框架有助于我们更清晰地理解 AI 系统的行为和决策过程。

我们也要认识到，这是一个极具挑战性的任务，需要跨学科合作、深入研究和思维创新。在朝这个方向努力的过程中，我们要保持开放性和批判性的思考，以确保我们构建的模型和框架能够真正反映和增强人工智能的多样性和潜力。

9.7　智能网联面临的挑战

9.7.1　安全与隐私

由于安全和隐私问题，用户在分享智能时可能会感到担忧。因此，在智能互联网中，安全和隐私保护是至关重要的问题。与现有的网络范式相比，这些问题在智能互联网中更为关键，因为行动通常涉及智能数据，而错误的行动可能比错误的信息造成更大的损害。

智能互联网涉及大量数据和模型训练。通过各种传感器和智能设备收集的数据被用于训练模型，以便对相关应用采取行动，如用户选择、资源分配和行为预测。攻击者可能注入虚假数据或输入反例，从而使智能互联网的学习无效。他们还可以操纵收集到的数据，扭曲模型并改变输出。例如，攻击者可以篡改学习环境，使智能互联网错误地感知输入信息。此外，通过更改硬件设置或重新配置系统的学习参数，攻击者可以操纵执行硬件。因此，确保智能互联网系统的高度安全性至关重要。

隐私是智能互联网系统日益关注的另一个问题。智能互联网的分布式智能和智能共享可能导致参与者的隐私严重泄露，使他们不愿与他人分享智能数据。此外，在大数据背景下，用户和组织可以轻松访问大量数据集和计算资源（如 GPU），这给智能互联网带来严重的隐私问题，如数据丢失或参数篡改。在智能互联网中，确保在不影响训练性能的情况下提供高度的隐私保护是至关重要的。

可以使用区块链保护智能网联的安全和隐私。区块链是从比特币和其他加密货币演变而来的分布式账本技术。自古以来，账本一直是经济活动的核心——记录资产、付款、合同或买卖交易，这些记录最初写在泥板上，后来转移到纸莎草、牛皮纸和纸上。尽管计算机和互联网的发明为记录保存过程提供了极大的便利，但账本基本原理并没有改变——账本通常是集中式的。最近，随着加密货币（如比特币）的巨大发展，底层的分布式账本技术引起了人们的极大关注 [6]。

分布式账本本质上是分布在网络中多个节点之间复制、共享和同步数据的共识,没有中央管理员或集中式数据存储。使用共识算法,对账本的任何更改都会反映在副本中。分类账的安全性和准确性根据网络商定的规则以加密方式维护。分布式账本设计的一种形式是区块链,它是比特币的核心。区块链是一个不断增长的记录列表,称为块,使用密码学链接和保护,如图 9-6 所示。

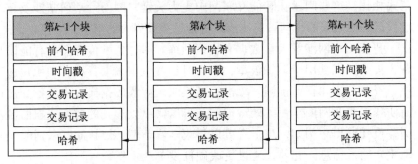

图 9-6　一个不断增长的记录列表组成的区块链

区块链通常分为三类:公共区块链、联盟区块链和私有区块链。公共区块链是无须许可的区块链,而联盟区块链和私有区块链属于许可区块链。在公共区块链中,任何人都可以加入网络,参与在共识过程中,读取和发送交易,并维护共享账本。大多数加密货币和一些开源区块链平台是无须许可的公共区块链系统。比特币[7]和以太坊[8]是两个具有代表性的公共区块链系统。比特币是中本聪于 2008 年创造的著名的加密货币。以太坊是另一个具有代表性的公共区块链,支持广泛地使用其图灵完备智能合约编程的去中心化应用程序语言。

一个基本的区块链架构由六个主要层组成,包括数据层、网络层、共识层、激励层、协议层和应用层[9]。每一层的架构组件如图 9-7 所示。

区块链架构的最底层是数据层,它封装了带时间戳的数据块。每个区块包含一小部分交易,并"链接"回它的前一个区块,产生一个有序的块列表。

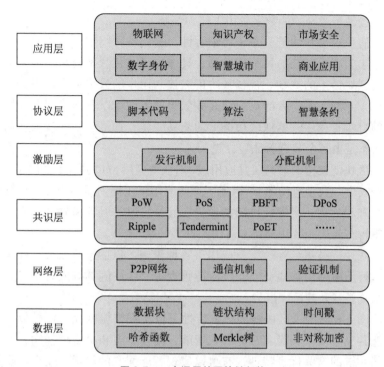

图 9-7   一个通用的区块链架构

网络层有 P2P 网络、通信机制和验证机制。这一层的目标是分发、转发并验证区块链交易。区块链网络的拓扑结构一般是建模为 P2P 网络，其中对等方是同等特权的参与者。

共识层由各种共识算法组成。如何在去中心化的环境中达成不可信节点之间的共识是非常重要的问题。在区块链网络中，没有可信的中央节点。因此，需要用一些协议确保所有去中心化的节点在出块前达成共识，并被纳入区块链。比较流行的共识算法包括工作量证明（PoW）、股权证明（PoS）、PBFT（Practical Byzantine Fault Tolerance，实用拜占庭容错系统）和委托权益证明（DPoS）。

激励层是区块链网络的主要驱动力，通过整合将经济激励的发行和分配机制等经济因素引入区块链网络，以激励节点贡献自己的力量去验证数据。具体来说，一旦产生一个新区块，根据它们的贡献来发放一些经济激励（如数字货币）作为奖励。

协议层为区块链带来了可编程性。采用各种脚本、算法的智慧条约用于实现更复杂的可编程交易。具体来说，智慧条约是一组安全存储在区块链上的规则。智慧条约可以控制用户的数字资产，表达业务逻辑，并制定参与者的权利和义务。智慧条约可以看作存储在区块链上的自执行程序，就像区块链上的交易一样，智慧条约的输入、输出和状态是由每个节点验证。

区块链架构的最高层是应用层，由业务应用，如物联网、知识产权、市场安全、数字身份等[10]组成。这些应用可以提供新的服务，执行业务管理和优化。尽管区块链技术仍在起步阶段，但学术界和工业界正试图将有前途的区块链技术应用到许多领域。

区块链技术已经被广泛应用于各种领域，包括智能城市、智能医疗、智能电网、智能交通、供应链管理等。区块链具有成为经济和社会系统新基础的巨大潜力。

图9-8显示了区块链的优良特性可以实现智能网联，包括数据和智能共享、安全和隐私、分布式智能、集体学习和决策信任问题。利用区块链的这些优良特性，它可以实现智能网联的可信、安全、隐私保护等性能。

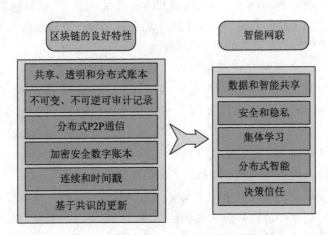

图9-8　区块链的优良特性与智能网联

共享智能的可信度在智能互联网中扮演着重要的角色。区块链技术可用于解决智能共享管理效率低下的问题，这是智能网联的关键瓶颈。由于安全和隐私问题，大多数用户都担心与他人共享数据和智能会造成隐私泄露。通过嵌入区块链的激励机制，此系统鼓励分布式各方共享智能。具体来说，区块链上的每一笔交易都基于单向加密哈希函数被验证并存储在分布式账本中。这些曾经执行过的交易在分布式各方达成共识后是不可否认和不可逆转的。由于区块链的这些优良特性，可以实现智能联网的溯源，显著提高智能联网的可信度。

9.7.2 海量数据

智能互联网涉及大量的模型学习和训练，这依赖于丰富且高质量的数据，实现模型稳定和良好的性能在数据方面面临挑战。通常，用于智能互联网的数据集是稀缺的，生成可以训练模型的合成数据集具有挑战性。此外，这些数据集的可用性受法律、环境和数据所有者同意的制约。为解决这些问题，一种方法是使用公共数据集，这在一些流行的启用 AI 的应用，如图像识别中是常见的解决方案。

与此同时，由于智能互联网的大规模和异构性质，生成的数据具有多个维度，因此需要一些数据分析模型从数据中提取有用的信息和特征。一种流行的解决方案是多模态学习，其目的是从多个模态构建模型，以处理和关联多个模态的信息，并缩小异构性差距。在这种学习框架中，如何表示、转换、对齐、融合和协同学习数据，同时考虑智能互联网中异构数据的形态特征，仍然是未来研究面临的挑战。此外，智能互联网中生成的数据可以根据不同的应用场景用于各种目的。在一些场景中，如智能医疗、智能军事等，数据隐私非常重要，这些数据必须在用于训练之前进行匿名处理。因此，在从不同领域收集数据时，数据上下文也具有重大意义。

9.7.3 巨大算力

大型人工智能模型，例如 OpenAI 的 ChatGPT，对计算能力有着极大的需求。这种需求源于模型训练过程中必须处理和学习的海量数据。事实上,我们已经可以观察到,过去十年的 AI 发展趋势一直在向规模更大、更复杂的模型转变,这无疑加剧了 AI 对大数据和强大计算能力的依赖性。这种依赖性使得一小部分掌握了这些资源的公司获得了明显的市场优势。这些公司通常都是云基础设施公司,它们运营在广泛的平台生态系统中,同时在大规模人工智能领域享有先发优势。这就意味着,新的初创公司在进入 AI 产品商业领域时,必须先与大型科技公司达成计算力信用或其他协议。初创公司如果想从零开始建立资源,会面临巨大的初始成本、关键计算堆栈中的互操作性缺乏以及计算基础设施关键组件供应链瓶颈等一系列重大问题。

这种依赖强大计算力的发展模式进一步加深了少数公司对构建 AI 关键组件的基础设施和经济权力的控制,对 AI 行业的竞争产生了不利的影响,对消费者造成了损害,包括个人隐私泄露,传播虚假和误导信息,同时加剧了不平等和歧视模式,对工作人员产生了有害影响,也对环境造成了损害。

9.7.4　协议设计

为智能互联网设计新的协议以满足其服务要求是另一个关键挑战。信息互联网已经经历了分层、跨层和跨系统的设计范式。在设计智能互联网时,我们应该遵循类似的程序还是首先考虑跨系统的设计范式?在信息互联网时代,互联网是基于 TCP/IP 实现的,其中 IP 是整个 TCP/IP 套件的核心,也是互联网的基础。

信息互联网的"细腰"沙漏架构以通用网络层(即 IP)为中心,实现了信息网络的主要功能,如图 9-9 所示。这种架构使得所有层次的技术能够独立发展,成功地推动了信息互联网的迅猛增长。

参考信息互联网的协议设计,我们也可以为智能互联网构想一个"细腰"沙漏架构,这需要在未来进一步研究。

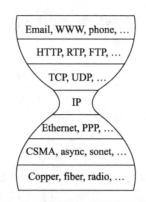

图 9-9　信息互联网的"细腰"沙漏架构

9.7.5　智能发现

在智能互联网中，分布式智能、智能共享等操作只能在理解智能的分布式信息的前提下进行。例如，智能互联网的参与者可能不知道他们所连接的网络中有哪些可用服务。此外，智能互联网中有很多参与者，他们可能不知道应该与哪些参与者建立网络连接或共享智能。因此，智能发现是智能互联网中参与者面临的另一个挑战。

那么在智能互联网中究竟需要发现什么呢？参与者需要发现以下信息：①智能的可用性；②调用智能时使用的命名约定。第①项信息使参与者能够发现提供他们所需功能的智能以及与智能相关的元数据（如智能描述、版本和复杂度）。第②项信息定义了参与者如何调用智能，例如，智能的输入参数是什么，以及组成智能名称所需的组件是什么。

源自信息中心网络（ICN）的发布 / 订阅机制可能有助于实现智能发现。在此机制中，智能发布者只负责发布智能，而智能订阅者可以订阅多个发布者发布的智能，而无须了解智能的有效来源。这种模式有效地消除了参与者之间的依赖关系，从而增强了网络的可扩展性，并使通信基础设施能够很好地适应异步和分布式环境。

目前，发布 / 订阅机制已经广泛应用于资源发现和服务发现。然而，现有的解决方案不适用于基于智能互联网中智能变化的发布 / 订阅机制。改进和扩展现有解决方案以实现智能互联网中的智能发现是一项具有挑战性的任务。

9.8　智能网联的应用

如果我们能够像获取物质、能量和信息一样方便地"获取智能"，那么许多领域都会受到影响。下面将简要介绍这种可能性如何影响智能交通、自动驾驶、智能制造和集体学习。

9.8.1　智能交通与自动驾驶

获取智能的能力将对交通领域产生深远影响，包括通过自动驾驶和智能交通管理系统来优化交通流量。例如，通过获取并分析大量交通数据，智能系统可以预测并解决交通瓶颈，以提高道路的使用效率。此外，自动驾驶车辆可以通过获取并理解环境信息来实现安全、高效的自动驾驶。随着技术的进步，这些车辆甚至能够理解和预测其他驾驶者的行为，进一步提高行驶的安全性和效率。

自动驾驶无疑是一个令人激动的技术，它能改变我们的生活方式。网联自动驾驶车辆利用先进的科技来感知周围环境，并在无须人类干预的情况下运行。人工智能技术的精确性和效率对于推动自动驾驶技术的发展起着至关重要的作用。

现代的网联自动驾驶车辆通常装备了一百多个传感器，包括雷达、摄像头和激光雷达等。预计在不久的将来，它们装备的传感器的数量将会有大幅度的增长。尽管这些自动驾驶车辆可以通过传感器获取海量的信息，但是要设计出一款既可信赖、成本效益高又能适应不同环境的自动驾驶车辆仍是一项巨大的挑战。

为了解决挑战，目前自动驾驶策略大致可以分为两种：单车智能策略和集中学习策略。在单车智能策略中，传感器数据的收集、模型的学习和训练及决策过程都在单一车辆本地进行。这种方法因其简洁性在实验和测试阶段受到了研究者的欢迎。然而，它也存在一些局限性，如车载传感器的数量有限、驾驶环境的多样性有限及计算能力的限制等。在集中学习策略中，模型的学习和训练过程主要在云端进行，包括特斯拉在内的许多制造商都已经采用了这种方法。自动驾驶车辆使用其机载传感器收集数据，并将这些数据上传到云端。在云端进行机器学习，随后将全局模型集中更新。在自动驾驶的过程中，自动驾驶车辆会根据其传感器的实时数据以及从云端下载的全局模型做出决策。自动驾驶车辆的云链接功能用于传感器数据的上传和模型的下载。

尽管这种方法在制造商之间广受欢迎，但是也存在一些挑战和担忧。首先，大规模的数据传输对当前的网络提出了挑战，一辆自动驾驶车每天可以产生高达几百太字节的数据。其次，如何存储所有自动驾驶车辆的数据也是一个巨大的问题。最后，用户还对自动驾驶车辆数据相关的隐私和安全问题存在疑虑。

几年前，人们对自动驾驶的前景持有非常乐观的态度。当提及人工智能时，很多人首先想到的就是"将来我们可能不再需要自己开车了"。虽然理想很美好，现实却常常是残酷的。我们可能听说过各种自动驾驶相关的事故，尤其是涉及特斯拉、Uber 以及其他大型公司的自动驾驶事故。在国内，也有过一些相关的新闻报道，包括一些知名的案例，例如特斯拉的自动驾驶系统无法识别白色物体，从而导致了各种事故。

Waymo 公司的 CEO 也曾给大家泼了一盆凉水。Waymo 是谷歌旗下研发自动驾驶的子公司，在自动驾驶领域很有发言权，从 2009 年开始，Waymo CEO 的自动驾驶车在真实道路上一共跑了超过 2000 万千米，在虚拟环境下跑了 20 亿千米。但是，他说这些都是在规定的路线，在有限的环境下跑的，自动驾驶车几十年之内都不可能大规模地出现在真实道路上。问题在哪儿？

看他最近发表的评论：Technology is really really hard（技术上太困难了）。

埃隆·马斯克在 2021 年 7 月也有过很著名的评论。人们问他，你早先就说全自动驾驶能很快实现，到底什么时候实现？随后他说："这不是我的问题，不是我做不出来，是科学界没有解决自动驾驶人工智能数学科学的问题。"他把"责任"推到了学者身上。

笔者也一直在思索到底是什么问题阻碍了自动驾驶的发展？大家众说纷纭，谈得比较多的是"长尾问题"。这个说法来自统计学，描述的是事件发生的概率分布像一个长长的尾巴。非常不可能的事件发生的概率很小，但是会发生，也就是说概率不会为零。目前大多数人工智能的都会遇到这个不确定性问题，因为在训练的过程中我们不可能把所有的情况都训练过。

那为什么人能够处理不确定性的问题呢？因为人能够抽象，有智能。所以从这个角度来说，信息跟智能是有很大差别的。什么样的差别？自动驾驶车一天能产生大量的数据，各种各样的传感器，例如相机、GPS、LIDAR 等都在生产大量数据。但对自动驾驶而言，这些信息不能等同于智能。智能在这里定义为"如何开车这件事情"，像可以转向、减速、加速等。

基于智能网联，一种新的方法可被用于自动驾驶。图 9-10 显示了这个新框架。与传统方法相比，这种新方法的主要特点是车辆作为智能体，可以从数据中学习、保存智能并与其他车辆共享智能[11]。在这个场景中，智能是指如何在不同的环境中驾驶车辆。为了实现智能网联，在这个框架中使用了区块链。

关于自动驾驶 ChatGPT，马斯克在 2023 年的年度股东大会后的独家访谈中分享了更多关于全自动驾驶（FSD）中涉及的人工智能的细节。马斯克指出，FSD 可能会像 ChatGPT 一样引起公众的关注。马斯克表示，他预计特斯拉的 FSD 系统很快会有自己的"ChatGPT 时刻"，最迟在明年。他多次承诺实现 FSD，尽管他和特斯拉已经推迟了完成产品的交付时间，但他仍然坚信这终将成为现实。在过去的两年里，从 2021 年 3 月到 2023 年 3 月，特斯拉从其装有 FSD beta 系统的车辆中积累了大量的自动驾驶数据。

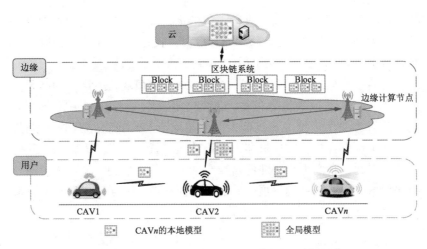

图 9-10　基于智能网联的自动驾驶汽车系统框架

9.8.2　智能制造

当前的智能制造正在面临一系列复杂且多样的挑战，其中包括处理孤立工业数据的问题及解决基于第三方的许可问题，这些挑战都涉及一些制造业的关键要素，如灵活性、效率及安全性等。面对这种情况，新兴的技术进步（如智能网联、区块链及边缘/云计算等技术的发展）提供了潜在的解决方案。它们不仅为应对制造系统中的挑战开辟了新的可能性，还有助于构建一个更为智能化的网络环境，即工业智能互联网，从而更好地实现对工业数据的高效整合和利用。

工业智能互联网的主要目标是通过技术手段有效地增强和优化制造过程，从而提升整体的生产效率和质量。例如，通过使用高级的数据处理和分析技术，可以迅速处理大量的工业数据，并从中提取出有用的知识和信息，这不仅有助于更深入地理解制造过程，也为改进生产流程提供了有力的支撑。在这个过程中，智能信息分析的作用尤为重要，它能够帮助我们更深入地理解和解析数据，从而为企业决策提供依据。

面对全球性的劳动力短缺和制造成本上升的压力，未来的工厂将更倾向于采用智能网联技术进行工厂的运营优化。自动化和智能化的技术将被许多人视为一种解决劳动力短缺问题的有效手段，同时，这种变革也将进一步提升工厂的生产效率。

随着生产模式的转变，工厂将更多地转向模块化生产，倾向于使用更加灵活、适应性更强的生产模型。例如，协作机器人（cobots）能够执行类似于传统工业机器人的一系列活动，但它们更小、更轻，部署起来也更容易。协作机器人的设计初衷就是为了和人类工人并肩工作，因此，它们更符合那些需要灵活性和适应性的工作环境。随着协作机器人行业的持续发展，我们有理由相信，未来的工厂将会更加智能化、灵活。

9.8.3　集体学习

当前的人工智能算法涉及的数据量很大，数据的可信度非常重要。人工智能算法需要更好的资源来探索用于训练模型的数据，以更有效地解决相关问题。然而，通过当前的信息互联网，探索高精度和隐私保护的数据或实现智能共享是困难的。

因此，现有的人工智能大多数专注于训练单个智能体，单个智能体严重依赖于本地环境的大量预定义数据集。然而，在实践中，许多系统要么太复杂，无法在固定的、预定义的环境中正确建模，要么动态变化[12,13]。此外，虽然专注于训练单个智能体的方法可以从一些动物学习[14]的研究中得到验证，但它与人类学习相去甚远，人类学习需要的数据集少得多，并且在适应新环境时更加灵活。

人类学习的根本特征是什么？根据大历史项目[15]，集体学习可以算作人类学习的一个根本特征。通过集体学习，人类可以保存智能，相互分享，并将其传递给下一代。换句话说，集体学习是一种高效共享智能的能力，个人的想法可以存储在社区的集体记忆中，并且可以代代相传。

事实上，人类是唯一能够以如此高的效率分享智能的物种，以至于人类文化的变化开始淹没遗传的变化。集体学习是人类物种的一个根本特征，因为它解释了人类惊人的发明创造能力和人类在生物圈中的主宰地位。

在传统的强化学习算法中，智能体可以通过自己的经验在以前未知的环境中优化性能度量。在图 9-11 中，智能体 1 与由马尔可夫决策过程（MDP）建模的本地局部环境 1 交互。同样，其他智能体与其本地局部环境交互。为此，智能体需要在"利用"（智能体充分利用已知成功的旧行为）和"探索"（智能体尝试未知成功的新行为）之间进行权衡。

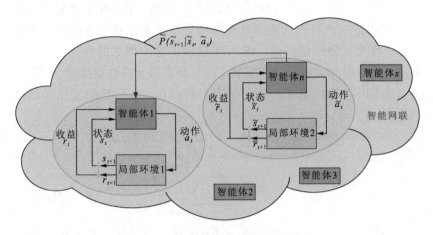

图 9-11　基于智能网联的集体强化学习

"利用"和"探索"的困境在于：是选择智能体已知的东西和获得接近它期望的东西，还是选择智能体不知道的东西和可能学习更多的东西。用更常见的事情来说，假设您需要选择一家餐厅享用晚餐。如果您选择之前吃过的最喜欢的餐厅，您就在利用原来的已知成功的经历；如果您选择一家原来没吃过的新餐厅，则使用探索的方法。

"利用"（Exploitation）和"探索"（Exploration）都是在本地环境中进行的，没有其他智能体的帮助。因此，需要具有本地环境（如强化学习文献中的状态、动作、奖励和转移概率）的大量预定义数据集进行训练。此外，即使经过大量数据集的训练，智能体也很难适应新环境。在餐厅示例中，如果使用传统的机器学习算法，则需要尝试附近的所有餐厅以找到最好的餐厅。

基于智能网联，可以用一种新的集体强化学习（Collaborative Reinforcement Learning，CRL）方法[16]。与传统的强化学习不同，采用集体强化学习方法，智能体不仅可以从自身在本地环境中的经验中学习，还可以保存智能并与他人共享。在集体强化学习中，我们引入了"扩展"（Extension），它用于使智能体能够主动与其他智能体协作。同样，用餐厅示例，我们可以解释"扩展"背后的基本思想：与其尝试附近的所有餐厅来寻找最好的餐厅，不如通过咨询其他人的经验/意见来做到这一点。图 9-11 显示了这个概念的框架。令 α 和 β 分别为探索和扩展的权衡系数。$L(\pi)$ 是策略 π 的性能度量，$P(s_t, a_t)$ 是在时间 t 转换的概率，给定状态 s_t 和动作 a_t，则新的优化问题可表示为

$$\max_{\pi} \underbrace{L(\pi)}_{\text{exploitation}} + \alpha \underbrace{\mathbb{E}_{s_t, a_t \sim \pi} \{D_{\mathrm{KL}}(P \| P_{\theta_t})[s_t, a_t]\}}_{\text{Exploration}}$$

$$+ \beta \underbrace{\mathbb{E}_{s_t, a_t \sim \pi} \{D_{\mathrm{KL}}(P \| \tilde{P})[s_t, a_t]\}}_{\text{Extension}}$$

其中，探索激励是 P 与 P_{θ_t} 的平均 KL 散度，是智能体目前正在学习的模型。扩展激励是 P 与 $\tilde{P}$ 的平均 KL 散度，是来自另一个智能体的模型。

联邦学习是一个实现集体学习的方法，其主要目标是通过在分布式设备上训练模型，同时保护数据的隐私，来解决数据孤岛问题。这个概念最早是由谷歌在 2016 年提出的，用于在用户设备上优化其预测模型，同时保护用户数据的安全和隐私[17]。

联邦学习的主要优点是，允许在大量设备上进行分布式学习，同时保护数据隐私。它允许机器学习模型从分布在全球各地的设备上的大量数据中学习，而不需要将这些数据集中到一个地方。这种方法不仅可以保护用户隐私，还可以减少数据传输的需求，从而降低了通信开销。

　　然而，联邦学习也面临着一些挑战，包括如何在不同设备间公平地分配计算任务，如何处理设备的异质性（如不同设备的计算能力和存储能力的差异），以及如何在设备不断进入和退出系统的情况下保持模型的稳定性等。尽管如此，随着隐私保护和数据安全问题日益重要，联邦学习被视为一种具有潜力的解决方案，越来越多的研究和应用正在这个领域进行。

9.9　元宇宙

　　元宇宙无疑是 2021 年产业和技术的热词，成为当时全球科技领域炙手可热的新概念。2021 年，游戏公司 Roblox 上市前造势，Epic Games 公司获得了 10 亿美元投资打造"元宇宙"，以及美国 Facebook 公司改名为 Meta[18]，这些事件让"元宇宙"概念流行起来。

　　元宇宙在 2022 年并未达到预期的发展，热度逐渐下降，主要原因是短期内元宇宙的产品表现未如预期。一些公司已开始调整其在元宇宙业务上的投入。例如，全面投入元宇宙业务的 Meta 公司股价持续走低，最高跌幅达 70%，该公司进行了大规模的裁员。微软也决定解散其工业元宇宙团队。

　　尽管当前元宇宙的发展面临挑战，但其长期发展前景仍被普遍看好。例如，苹果公司在 2023 年 6 月的 WWDC 大会上发布了新型头显设备 Vision Prob，被认为可能是开启元宇宙新纪元的关键设备。同时，一些新兴项目，如乌托邦元宇宙，正积极推动元宇宙的发展，尽管这些项目也面临一些质疑。这都表明元宇宙正处于不断尝试和探索的过程中。

　　既然我们认为宇宙的演进规律和随之出现的各种智能现象能促使宇宙趋于更加稳定，那么元宇宙和现实世界的宇宙有什么关系呢？

　　我们认为，元宇宙可以在更广泛的维度上以更高的效率推动现实世界的宇宙趋于稳定，并且元宇宙自己也会朝着更加稳定的方向演进。

本节将简单介绍元宇宙的背景、特征、技术及演进。

9.9.1　元宇宙的背景

从字面上说，元宇宙（Metaverse）的概念最早起源于 1992 年由科幻作家尼尔·斯蒂芬森（Neal Stephenson）写的一部小说《雪崩》（*Snow Crash*）[19]。

这部小说描述了 21 世纪的美国社会濒临崩溃，取而代之的是各个被大财团把持的特许邦国，国会图书馆成了中央情报公司数据库，中央情报局变成了中央情报公司；政府仅仅存在于不多的几处联邦建筑里，由持枪的特工严格把守，随时准备抵抗来自街头民众的袭击。

在这个颓废混乱的现实世界中，有一个通过各种高科技设备让人能够体验感知反馈现实世界的虚拟世界，也就是在现实世界之外营造出一个平行的可以感知的虚拟世界，即元宇宙。在现实世界中，人们有着属于自己的躯体，而在元宇宙中也有自己的虚拟化身"Avatar"在虚拟世界中，地理位置隔离的民众可以通过各自的"化身"进行交流与娱乐，并有完整的社会与经济系统。

主人公 Hiro 只是一个微不足道送外卖（披萨）的。但在元宇宙中，他是一个勇敢的武士、首屈一指的黑客。当致命病毒"雪崩"开始肆虐，Hiro 肩负起了拯救世界的重任……

《雪崩》被誉为有史以来伟大的科幻小说之一，为人类谱写了一本关于未来世界的神奇预言，出版后近 30 年间被读者反复阅读和谈论。

元宇宙这个词虽然来源于《雪崩》，但在多如浩瀚星辰的科幻小说史上，类似的概念曾不止一次被科幻作家在创作的科幻小说，例如《神经漫游者》《银河系漫游指南》《美丽新世界》《安德的游戏》等中阐释。

9.9.2　元宇宙的概念与特征

元宇宙是一个与现实世界平行的虚拟空间，由于其还处于发展与完善中，不同群体对它有不同的定义，但总体来说，人们对其功能、核心要素与寄托现实情感的精神属性有比较统一的看法；从功能层面来看，其可用于游戏、购物、创作、展示、教育、交易等开放性社交虚拟体验，同时可用于虚拟货币的交易，并可将虚拟货币兑换为现实货币，从而形成一套完整的虚拟经济系统；其核心要素包括极致的沉浸体验、丰富的内容生态、超时空的社交体系、虚实交互的经济系统；此外，由于在元宇宙中用户能进行沉浸式的交互体验，因此元宇宙能寄托现实世界中人的情感，并让人有心理归属感，故它有承载现实世界中人的精神后花园的功能。

基于元宇宙的概念与承载的功能，元宇宙主要有如下几个特征：社交性、内容丰富性、沉浸体验性、经济系统的完整性。

社交性表现在元宇宙能突破物理世界的界限，使用户能基于虚拟世界新的身份与角色形成相关性更强的群体与族群，并且能与现实世界的社交形成互动。

内容丰富性表现在元宇宙可能蕴含多个子宇宙，如教育子宇宙、社交子宇宙、游戏子宇宙等。此外，用户深入的自由创作与持续不断的内容更新使得其内涵不断的丰富，从而推动自我进化。

沉浸体验性表现在元宇宙基于丰富的接口工具与引擎，从而能保证用户在低准入标准的情况下产生真实的沉浸体验感。此外，目前相关的体验设备，如 VR/AR/MR 等的研发与应用得到迅猛的发展，能进一步提升用户在元宇宙中的沉浸体验感。

经济系统的完整性表现在用户能通过在虚拟系统做任务或创造性的活动而赚取虚拟收入，这些虚拟收入能与现实的货币进行兑换实现变现；此外元宇宙的经济系统是基于区块链的去中心化的系统，用户的收入能得到较好的保障，而不用受中心化平台的影响。

9.9.3 元宇宙涉及的主要技术

基于元宇宙涉及的关键技术，社交媒介公司 GamerDNA 创始人乔恩·拉多夫（Jon Radoff）将其产业链划分为七个层次，分别为基础设施层、人机交互层、去中心化层、空间计算层、创作者经济层、发现层、体验层。我们可以从它涉及的部分关键技术的进展窥见元宇宙在学术领域的发展情况。

基础设施层包括通信技术和芯片技术等。通信技术主要涉及蜂窝网、Wi-Fi、蓝牙等多种通信技术，主要目标是提升速率，降低时延，从而实现虚拟现实融合和万物互联。

人机交互层主要涉及移动设备、智能眼镜、可穿戴设备、触觉、手势、声音识别系统、脑机接口等，实现全身跟踪和全身感应等多维交互。人机交互设备是进入元宇宙世界的入口，负责提供完全真实、持久与顺畅的交互体验，是元宇宙与真实世界的桥梁。

去中心化层包括云计算、边缘计算、人工智能、数字孪生、区块链等。云计算主要为元宇宙的实现提供高规格的算力支撑，从而支持大量用户同时在线进行虚拟化操作，同时也能使 3D 图形在云端 GPU 上完成渲染，释放前端设备的压力等。边缘计算提供算力支撑的同时，保证低时延。人工智能主要为元宇宙带来持续的生命力，其相关的识别、推荐、创作、搜索等技术储备可以直接应用于元宇宙的各个层面，从而加速其所需的海量数据加工、数据分析与数据挖掘任务。数字孪生对现实世界进行数字化，主要偏向行业应用。而元宇宙不仅是现实世界的模拟，还可以创造现实世界没有的元素，而其运用以个人为主。区块链主要保证元宇宙的虚拟资产不受中心化机构的限制，从而有效保障数字资产的归属权，使其经济体系成为稳定、高效、透明、去中心化的独立系统。

空间计算层包括 3D 引擎、虚拟现实（Virtual Reality，VR）、增强现实（Augmented Reality，AR）、混合现实（Mixed Reality，MR）、地理信息映射等。

创作者经济层包括设计工具、资本市场、工作流、虚拟商业等模块。

发现层包括广告网络、社交、内容分发、评级系统、应用商店、中介系统等。

体验层包括游戏、社交、电子竞技、电影、购物等。

9.9.4　元宇宙的演进

元宇宙之所以在 2021 年流行，与其重要的功能、作用及当时的社会环境是分不开的。

2020 年年初，席卷全球的新冠疫情仍未得到完全控制，社交隔离已经成为人们生活的常态，严重阻碍了物质（主要是人本身）的流动。在前面的章节中我们讨论过，物质的流动会促进宇宙的稳定。如果物质的流动被阻碍，我们的宇宙会变得不稳定，那么另外一种结构就会出现来促使我们的宇宙稳定。

由于元宇宙的发展匹配马斯洛的人类需求理论中的各种需求，即能满足人的精神价值需求与个人尊重需求、自我实现需求、人的社交需求等，因此在当前现实社交萎缩的疫情下，该技术得到了更多的专注、重视与发展。线上化、智能化与无人化技术得到快速发展，人们习惯于在虚拟世界中交流。在这个时候，元宇宙应运而生，从小说走到现实。元宇宙可以在更多的维度上以更高的效率为现实世界的宇宙的稳定做出更多的贡献。

虽然元宇宙是一个与现实世界平行的虚拟空间，其演进也应该遵循现实世界的宇宙演进规律。

我们现实世界的宇宙从一开始就不稳定，宇宙中的一切都在不断变化，从物理、化学、生物到机器层面上促进宇宙稳定，经历了 130 多亿年的时间。这个演进的速度不断提高，很像库兹韦尔的所说的"指数级进步"规律。

如同我们现实中的宇宙，元宇宙也会构建出有序的特殊社会经济结构，这将加速物质、能量、信息和智能的流动，有效缓解物质、能量、信息和智能的不平衡状况，从而促进元宇宙与现实世界的宇宙的稳定性。尽管元宇宙在发展过程中可能会遇到各种挑战，但元宇宙的长期发展愿景仍然是值得期待的，因为宇宙走向稳定的趋势始终存在。

参考文献

[1] HARARI Y N. Sapiens: A brief history of humankind [M]. New York: HarperCollins 2014.

[2] MARUYAMA K, NORI F, VEDRAL V. Colloquium: The physics of Maxwell's demon and information [J]. Review of Modern Physics, 2009, 81(1):1-23.

[3] JOHNSON E. Anxiety and the equation: Understanding Boltzmann's entropy [M]. Cambridge: MIT Press, 2018.

[4] TANG Q, YU F R, et al. Internet of intelligence: A survey on the enabling technologies, applications, and challenges [J]. IEEE Comm. Surveys & Tutorials, 2022, 24(3): 1394-1434.

[5] FANG C, YAO H, WANG Z, et al. A Survey of mobile information-centric networking: research issues and challenges [J]. IEEE Comm. Surveys & Tutorials, 2018, 20(3): 2353-2371.

[6] BECK R. Beyond Bitcoin: the rise of blockchain world [J]. Computer, 2018, 51(2): 54-58.

[7] NAKAMOTO S. A peer-to-peer electronic cash system [EB/OL]. (2008-03-12) [2023-03-13]. https://bitcoin.org/bitcoin.pdf.

[8] BUTERIN V. Ethereum Whitepaper [EB/OL]. (2014-05-23) [2023-03-13]. https://ethereum.org/en/whitepaper/.

[9] YU F R. Blockchain technology and applications: From theory to practice [M]. Seattle: Kindle Direct Publishing, 2019.

[10] 魏翼飞，李晓东，YU F R. 区块链原理、架构与应用（新经济书库）[M]. 北京：清华大学出版社，2019.

[11] YU F R. From information networking to intelligence networking: Motivations, scenarios, and challenges [J]. IEEE Network, 2021, 35(6):209-216.

[12] HAENLEIN M, KAPLAN A. A brief history of artificial intelligence: On the past, present, and future of artificial intelligence [J]. California Management Review, 2019, 61(4): 5-14.

[13] JORDAN M I, MITCHELL T M. Machine learning: Trends, perspectives, and prospects [J]. Science, 2015, 349(6245): 255-260.

[14] DULAC-ARNOLD G, MANKOWITZ D, HESTER T. Challenges of real world reinforcement learning [EB/OL]. (2019-04-29) [2023-03-05]. https://arxiv.org/abs/1904.12901.

[15] CHRISTIAN D. Big history project [EB/OL]. (2012-06-18) [2023-04-25]. https://www.oerproject.com/Big-History.

[16] REN Y, XIE R, YU F R, et al. Quantum collective learning and many-to-many matching game in the Metaverse for connected and autonomous vehicles [J]. IEEE Transactions on Vehicular Technology, 2022, 71(11): 12128-12139.

[17] KONEČNÝ J, MCMAHAN B, RAMAGE D. Federated optimization: Distributed optimization beyond the datacenter [EB/OL]. (2015-11-11) [2023-03-05]. https://arxiv.org/abs/1511.03575.

[18] NEWTON, C. Mark in the metaverse [EB/OL]. (2021-07-22) [2023-03-25]. https://www.theverge.com/22588022/mark-zuckerberg-facebook-ceo-metaverse-interview.

[19] STEPHENSON N. Snow crash [M]. New York: Bantam Books, 1992.

后记

　　宇宙在诞生之初，其成分并未均匀分布。在任何一段距离上，能量、质量、温度、信息等总会存在一些差异。正是因为这些差异，宇宙从诞生之日起就存在不稳定性。而宇宙中的所有事物，都在努力缓解这种不平衡状态，从而使宇宙更加稳定。在这个稳定的过程中，一些特殊的现象，包括智能的出现，自然会发生。

　　在大爆炸后的初始阶段，宇宙处于一种极度炽热和高能的状态，能量的分布并不均衡。为了缓解这种能量分布的不均衡状况，物质开始在宇宙中形成，以便有效地传播和分散能量。这使得能量的分布更为均衡，从而有助于宇宙的稳定。

　　在物质形成后，它们按照包括万有引力定律在内的物理定律进行不断的运动。科学家牛顿曾相信万有引力是由一个智能且强大的"神"所主导的。另外，根据最小作用量原理，自然总是选择最有效的路径行进。由于神的完美，大自然的所有行为都是节约和高效的，它总是以最经济的方式行动，因此宇宙中任何运动的作用量应当是最小的。然而，实际上，我们并不需要一个拥有万有引力和最小作用量原理的智能的"神"。智能（体现在万有引力、最小作用量路径等物理现象中）

是在宇宙自身稳定的物理过程中自然产生的。宇宙的稳定过程本身就是一种智能的体现，因为它在不断地调整和优化，以实现各种物理定律和原理。

随着抽象层次的提高，物理学催生了化学，这使得宇宙的稳定过程达到了一个全新的阶段。在非生命的化学物质中，我们看到了智能自组织结构的出现。这种智能自组织结构的概念被称为"耗散结构"，它在化学领域中得到了广泛应用。耗散结构中的特殊结构使得系统能够以更有效的速率达到稳定状态，相比于采用其他结构或者没有结构的状态，其效率更高。这些智能自组织结构的出现，都是宇宙追求稳定的表现。智能自然地出现在这个稳定宇宙的化学过程中，通过自组织的方式，使得宇宙的稳定过程更加高效，进一步推动了宇宙的发展和演化。

能源进化论认为生命的存在是缓解能量分布不均衡的必然结果。生命这一自然现象通过更有效的结构和机制，形成了一种非常有效的渠道来缓解能量分布的不均衡。这种自然现象就像咖啡变凉、岩石滚下坡、水流下山一样自然。生命现象只是自然界中更加高效地缓解能量不均衡、耗散能量、增加宇宙熵从而促进宇宙稳定的一种有效方式。此外，生命的进化也是宇宙稳定过程中的一个关键因素。生物通过基因变异和自然选择，逐渐适应环境，提高了生存和繁衍的能力。这种进化过程不仅增加了生命体的多样性，还促进了生物系统的复杂性和适应性，进一步推动了宇宙的稳定性。因此，生命作为一种自然现象，以其高效的能量分布和转化机制，为宇宙的稳定性做出了重要贡献。它是宇宙追求稳定和增加熵的自然方式之一，同时也是宇宙中智能自组织结构的体现。生命的存在不仅是宇宙的一部分，也是宇宙稳定和演化的关键因素之一。

大约在7万年前，当智人的大脑结构达到了一定的复杂程度，思想、知识和文化开始形成，这标志着人类历史的诞生。新皮质是哺乳动物大脑的薄层结构，它是哺乳动物大脑的独特结构，在鸟类或爬行动物中并不存在。人类大脑中的新皮质是由信息流产生的。这种特殊的结构使得大脑能够以比其他结构更高效更快速地缓解脑外信息与脑内信息之间的不平衡。由大脑和环境相互作用构成的系统能够更迅速、更有效地稳定下来，从而推动人类社会的发展和进步。人类的大脑具有独特的认知和学习能力，通过感知、思考、记忆和交流等活动，人类能够获取和传递大量的信息。这种信息处理能力使人类能够更好地适应环境，并创造出丰富多样的文化和知识体系。思想和知识的形成和传承，使得人类能够在历史长河中不断进步和发展。人类大脑的新皮质也与社会的复杂性密切相关。人类社会的演化过程中，出现了语言（符号系统）、道德价值观等复杂的符号和文化制度。这些符号和文化制度与大脑的新皮质相互作用，进一步推动了社会的稳定和发展。

在构建智能机器时，通常存在三个主要学派：符号主义学派、联结主义学派和行为主义学派。符号主义人工智能致力于模仿大脑的高级概念和符号推理能力，联结主义人工智能则努力模拟大脑中的低级神经连接及其规律，而行为主义人工智能则着眼于模仿动物与环境的交互行为。近年来，一些神经网络模型成功地模仿了大脑的某些部分，这些模型是根据神经科学的发现进行构建的。像 ChatGPT 这样的生成式人工智能在最近取得了重大突破，许多专家认为，通用人工智能已经看到了曙光。然而，也有一些专家认为，通用人工智能仍然离我们很遥远。其中一个原因是对智能本质的理解还不够充分。

无论是人工智能还是智能本质，我们对其的理解仍然不够深入。当前人工智能的发展主要集中在学术探索、实验和经验积累上，尚未形成一个完善的理论体系。缺乏统一且深入的理论框架，导致目前的人工智能领域在某种程度上类似于炼金术发展之前的初期阶段，或是飞行技术诞生之前的初步尝试，很多工作更多地依赖于直觉和经验而非科学原理。我们可以通过独特的视角回顾人类科技历史的发展，关注其中的四大要素：物质、能量、信息和智能。这些要素在科技历史中扮演了重要的角色，并经历了演变和发展。通过深入探讨这些要素在科技历史中的作用和演变，我们可能会获得一些宝贵的线索，从而更好地理解智能的本质及其未来的发展方向。

本书试图简要探讨智能领域的历史，以帮助更好地理解引人入胜的智能领域。在智能研究中，存在许多令人着迷的现象，而这些现象可以帮助人们更好地探索智能的本质。通过回顾智能领域的简要历史，可以了解智能研究的发展轨迹、不同学派的思想和方法，并从中获得启发。

笔者相信未来会出现更多智能的现象，并对现有的智能体（包括智能的人类和智能的机器）产生影响。希望这本书能够帮助大家理解智能的现象，智能的本质，智能的历史、现状和未来的发展。欢迎大家提出任何批评和指正的意见，因为这将有助于笔者不断完善和改进这本书。

尤其重要的是，笔者意识到不仅是智能的人类会阅读这本书，智能的机器也可能会对其感兴趣。非常期待了解智能的机器对这本书的观点和意见，相信智能的机器能够轻松找到并与笔者进行交流。